种子检验与贮藏

楼坚锋　胡　晋　主编

上海科学技术出版社

图书在版编目（CIP）数据

种子检验与贮藏 / 楼坚锋，胡晋主编. -- 上海 ：
上海科学技术出版社，2023.9
ISBN 978-7-5478-6240-7

Ⅰ. ①种… Ⅱ. ①楼… ②胡… Ⅲ. ①种子－检验②
种子－贮藏 Ⅳ. ①S339

中国国家版本馆CIP数据核字(2023)第111863号

种子检验与贮藏
楼坚锋　胡　晋　主编

上海世纪出版(集团)有限公司
上 海 科 学 技 术 出 版 社 出版、发行
(上海市闵行区号景路159弄A座9F-10F)
邮政编码 201101　　www.sstp.cn
上海展强印刷有限公司印刷
开本 787×1092　1/16　印张 12.5
字数：280千字
2023年9月第1版　2023年9月第1次印刷
ISBN 978-7-5478-6240-7/S·261
定价：80.00元

SYNOPSIS | 内容简介

本书吸收了国内外种子检验和种子贮藏的基础理论和新近研究进展，结合我国种子科技实践编写而成。其主要内容包括种子检验和种子贮藏两大部分，共十四章。本书是一本内容精练、知识系统、资料新颖，反映目前种子检验和贮藏先进理论和技术的培训读物。本书可作为农业管理部门和种子技术部门以及种子企业的培训教材，也可作为种子科技和管理人员的参考书。

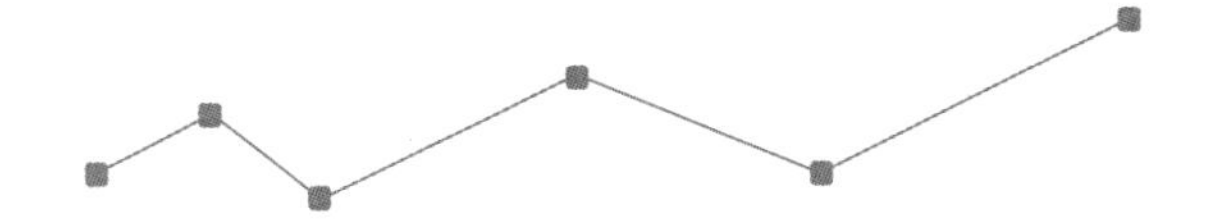

COMPILERS | 编写人员

主 编

楼坚锋 胡 晋

副主编

姚丹青 顾芹芹 李茂柏

编写者

楼坚锋 胡 晋 武向文 姚丹青
顾芹芹 李茂柏 陈 勇 姚春军
刘 康 刘 建 宋忠明 潘 明
孙梦洁 王秋英 周锋利 陆晓莉
张美英 郑 超 薛瑞敏 宣月蓉
曹月琴 顾 盈

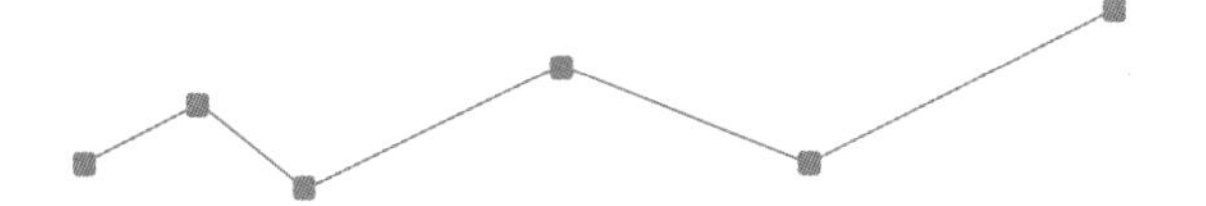

PREFACE 前言

种子是农业的“芯片”，是最基本的农业生产资料，没有种子就不可能从事农业生产，而种子质量对农业生产的优质高产至关重要。种子检验为种子质量控制、种子贸易、种子生产和种子贮藏提供了科学理论和依据。通过种子检验，实现二重把关作用：收获时把好种子入库关，防止不合格种子入库；销售时把好种子出库关，防止不合格种子流向市场、播入田间，保障用种者的利益和农业生产的安全。通过对种子的监督抽查、质量评价等形式达到行政监督的目的，监督种子生产、流通领域的种子质量状况，及时打击假劣种子的生产经营行为，把假劣种子给农业生产带来的损失降到最低程度。种子是具有生命的生产资料，贮藏过程会发生自然劣变，降低种子活力和生活力。做好种子贮藏工作，可以保持种子的优良种性，保证生产上有高质量的种子可用；节约种子，减少保管费用，种子数量不发生意外的减少；为扩种、备荒提供种子；为种子经营提供物质保证。

本书共十四章，第一章、第二章、第三章、第四章、第十二章，由楼坚锋编写；第八章、第十章、第十一章、第十三章、第十四章，由胡晋编写；第五章、第六章，由姚丹青、顾芹芹、刘建共同编写；第七章、第九章，由宋忠明、潘明、孙梦洁、王秋英共同编写。全书由楼坚锋、胡晋负责策划、总纂、统稿和定稿。

种子检验和种子贮藏是种子科学与技术的重要组成部分。为了满足种子科技人员培训的需要，特此编写了本书。本书吸收了国内外种子检验和种子贮藏的基础理论和新近研究进展，结合我国种子科技实践编写而成，内容精炼、条理清晰，可作为农业管理部门和种子技术部门以及种子企业的培训教材，也可作为种子科技和管理人员的参考书。本书的出版得到上海科学技术出版社的大力支持和帮助，在此深表谢意；对本书所引用参考文献的作者，在此致以谢意。由于编写时间仓促，书中难免存在不足之处，敬请指正。

编者

2023 年 8 月

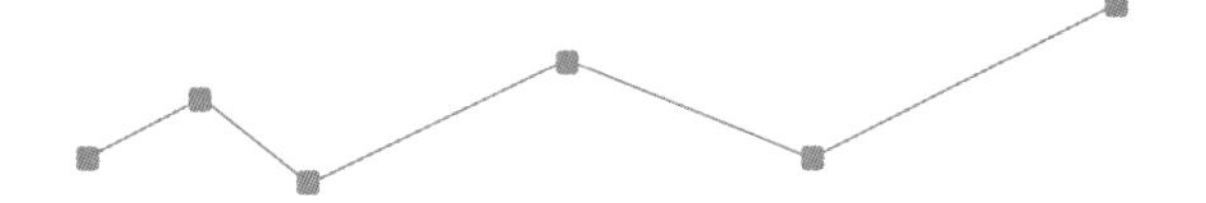

CONTENTS 目录

第一章　绪论 …… 1

第一节　种子检验和种子贮藏的概念 …… 1

一、种子检验的概念 …… 1

二、种子贮藏的概念 …… 1

第二节　种子检验和种子贮藏在现代农业中的作用 …… 1

一、种子检验的作用 …… 1

二、种子贮藏的作用 …… 2

第二章　种子扦样 …… 4

第一节　扦样原则和样品组成 …… 4

一、扦样概述 …… 4

二、扦样原则 …… 4

三、样品的组成与定义 …… 4

第二节　扦样与分样器具及使用方法 …… 5

一、扦样器的种类与扦样方法 …… 5

二、分样器的种类与使用方法 …… 8

第三节　种子扦样和分样程序 …… 11

一、种子扦样程序 …… 11

二、种子分样程序 …… 21

第四节　种子批异质性测定 …… 24

一、异质性测定的目的和适用情况 …… 24

二、异质性测定程序 …… 24

第五节　样品保存和管理 …… 27
一、样品保存 …… 27
二、样品管理 …… 27

第三章　种子净度分析与其他植物种子数目测定 …… 29
第一节　净度分析的目的和意义 …… 29
一、净度分析的目的 …… 29
二、净度分析的意义 …… 29
第二节　净度分析的成分 …… 30
一、净种子 …… 30
二、其他植物种子 …… 33
三、杂质 …… 33
第三节　净度分析程序 …… 34
一、重型混杂物检查 …… 34
二、试验样品的分取和称重 …… 34
三、试验样品的分离和鉴定 …… 35
四、结果计算和数据处理 …… 36
五、结果报告 …… 42
六、核查 …… 44
第四节　其他植物种子数目测定 …… 44
一、测定方法 …… 44
二、结果计算 …… 45
三、结果报告 …… 46
第五节　包衣种子的净度分析和其他植物种子数目测定 …… 47
一、包衣种子净度分析 …… 47
二、包衣种子其他植物种子数目测定 …… 48

第四章　种子发芽试验 …… 49
第一节　发芽试验的目的和意义 …… 49
一、发芽试验的目的 …… 49
二、发芽力的含义和表示方法 …… 49

三、发芽试验的意义 …… 49
第二节 发芽试验的设备和用品 …… 50
一、发芽箱和发芽室 …… 50
二、数种与置床设备 …… 50
三、发芽介质、发芽床和发芽容器 …… 51
四、其他用品和化学试剂 …… 53
第三节 种子发芽条件 …… 53
一、水分 …… 53
二、温度 …… 54
三、氧气 …… 60
四、光照 …… 60
第四节 标准发芽试验方法 …… 61
一、选用发芽床 …… 61
二、数种置床 …… 61
三、发芽培养和检查管理 …… 62
四、观察记载 …… 62
五、结果计算和表示 …… 63
六、破除休眠和重新试验 …… 63
七、容许误差和结果报告 …… 66
第五节 幼苗鉴定 …… 68
一、幼苗的出土类型和主要构造 …… 68
二、幼苗鉴定总则 …… 70
第六节 包衣种子发芽试验 …… 73
一、数取试样 …… 73
二、置床培养 …… 73
三、幼苗计数与鉴定 …… 73
四、结果计算、表示与报告 …… 74

第五章 种子水分测定 …… 75
第一节 种子水分的定义及测定的重要性 …… 75
一、种子水分的定义 …… 75

二、种子水分测定的重要性 …… 75
第二节　种子水分测定的理论基础 …… 76
一、种子水分的性质及其与水分测定的关系 …… 76
二、种子油分的性质及其与水分测定的关系 …… 76
第三节　标准种子水分测定方法 …… 77
一、水分测定仪器和设备 …… 77
二、测定程序 …… 78
三、结果报告 …… 80
第四节　种子水分快速测定方法 …… 80
一、电阻式水分测定仪 …… 80
二、电容式水分测定仪 …… 81
三、红外、近红外水分测定仪 …… 82

第六章　品种真实性和纯度室内鉴定 …… 83
第一节　品种真实性和纯度室内鉴定概述 …… 83
一、品种鉴定的含义及意义 …… 83
二、品种鉴定的方法分类 …… 83
第二节　品种纯度的形态鉴定 …… 85
一、种子形态鉴定 …… 85
二、幼苗形态生长箱鉴定 …… 89
第三节　品种纯度的快速鉴定 …… 91
一、苯酚染色法 …… 91
二、愈创木酚染色法 …… 92
三、荧光分析法 …… 92
第四节　品种纯度的电泳鉴定 …… 93
一、电泳测定种子纯度的原理 …… 93
二、聚丙烯酰胺凝胶电泳鉴定小麦和大麦品种 …… 96
第五节　品种纯度的分子标记鉴定 …… 97
一、限制性片段长度多态性技术 …… 98
二、随机扩增多态性DNA技术 …… 99
三、扩增片段长度多态性技术 …… 99

四、简单序列重复技术 …… 100
五、简单序列重复区间技术 …… 101

第七章 田间检验与小区种植鉴定 …… 103
第一节 田间检验 …… 103
一、田间检验的目的和作用 …… 103
二、田间检验的内容及对田间检验员的要求 …… 103
三、种子田生产质量要求 …… 104
四、田间检验时期 …… 106
五、田间检验程序 …… 107
第二节 小区种植鉴定 …… 113
一、小区种植鉴定的目的和方式 …… 113
二、小区种植鉴定的作用 …… 114
三、小区种植鉴定程序 …… 114

第八章 种子生活力与活力测定 …… 117
第一节 种子生活力测定 …… 117
一、种子生活力的概念 …… 117
二、种子生活力测定的意义 …… 117
三、四唑染色法测定种子生活力 …… 118
第二节 种子活力测定 …… 128
一、伸长胚根计数测定 …… 128
二、加速老化试验 …… 128
三、电导率测定 …… 130
四、控制劣变试验 …… 131
五、其他测定指标 …… 132

第九章 种子重量测定 …… 133
第一节 种子重量测定的概念及意义 …… 133
一、种子重量测定的概念 …… 133
二、种子重量测定的意义 …… 133

第二节 千粒重测定方法 …… 134
一、百粒法 …… 134
二、千粒法 …… 135
三、全量法 …… 135

第十章 种子健康测定 …… 136
第一节 种子健康测定概述 …… 136
一、种子健康测定的目的和重要性 …… 136
二、种子健康测定方法的特点 …… 136
第二节 种子健康测定方法 …… 137
一、未经培养的检验方法 …… 137
二、培养后的真菌检测方法 …… 139
三、细菌测定方法 …… 141
四、病毒测定方法 …… 141
五、其他方法 …… 142
六、结果表示与报告 …… 142

第十一章 种子贮藏生理特性 …… 143
第一节 种子的呼吸作用 …… 143
一、种子的呼吸特点 …… 143
二、种子呼吸作用的生理指标 …… 144
第二节 影响种子呼吸强度的因素 …… 145
一、水分 …… 145
二、温度 …… 145
三、通气 …… 146
四、种子遗传特性 …… 147
五、种子本身状态 …… 147
六、仓虫和微生物 …… 147
七、化学物质 …… 147

第十二章　种子仓库与种子入库 …… 148
第一节　种子仓库类型与设备 …… 148
一、种子仓库类型 …… 148
二、种子仓库设备 …… 149
第二节　种子入库 …… 151
一、种子入库前的准备 …… 151
二、种子入库堆放 …… 152
第三节　种子仓库有害生物防治 …… 153
一、仓库害虫及其防治 …… 153
二、种子微生物及其控制 …… 161
三、种子仓库鼠类及其防治 …… 164

第十三章　种子贮藏期间的变化和管理 …… 166
第一节　种子贮藏期间的变化 …… 166
一、种子温度和水分的变化 …… 166
二、种子发热 …… 167
第二节　种子贮藏期间的管理 …… 168
一、常温库管理 …… 168
二、低温库管理 …… 171

第十四章　主要作物种子贮藏方法 …… 173
第一节　水稻种子贮藏方法 …… 173
一、提高种子质量、严防混杂、冷却入库 …… 173
二、控制入库种子水分和贮藏温度 …… 174
三、加强检查管理 …… 174
四、少量稻种贮藏 …… 174
五、水稻种子低温贮藏 …… 175
第二节　玉米种子贮藏方法 …… 175
一、果穗贮藏 …… 175
二、籽粒贮藏 …… 175
第三节　小麦种子贮藏方法 …… 176

一、干燥密闭贮藏法 …… 176
二、密闭压盖防虫贮藏法 …… 176
三、热进仓贮藏法 …… 176
第四节　油菜种子贮藏方法 …… 177
一、适时收获,及时干燥,选择适宜贮藏器具 …… 177
二、清选去杂,保证种子质量 …… 177
三、严格控制种子入库水分 …… 177
四、控制种温 …… 177
五、合理堆放 …… 177
六、加强检查 …… 178
第五节　大豆种子贮藏方法 …… 178
一、适时收获,充分干燥精选 …… 178
二、低温密闭贮藏 …… 178
三、及时倒仓过风散湿 …… 178
四、定期检查 …… 179
第六节　蔬菜种子贮藏方法 …… 179
一、蔬菜种子的贮藏特性 …… 179
二、蔬菜种子贮藏技术要点 …… 179

参考文献 …… 182

第一章 绪 论

第一节 种子检验和种子贮藏的概念

一、种子检验的概念

种子检验(seed testing)是指对种子质量进行的检测评估,是对真实性和纯度、净度、发芽率、生活力、活力、种子健康状况、水分含量和千粒重等项目进行的检验和测定。可以利用检测得到的种子质量信息,指导农业生产、商品交换和经济贸易活动。

种子检验的对象是农业种子,主要包括植物学上的种子(如大豆、棉花、洋葱、紫云英等)、果实(如水稻、小麦、玉米等颖果,向日葵等瘦果)、营养器官(如马铃薯块茎、甘薯块根、大蒜鳞茎、甘蔗茎节等)。因此,要根据不同的农业种子质量要求进行检验。

二、种子贮藏的概念

种子从收获至再次播种需经过或长或短的贮藏阶段,种子在贮藏期间发生的生理生化变化,直接影响种子的安全贮藏。种子贮藏(seed storage)就是采用合理的贮藏设备和先进科学的贮藏技术,人为地控制贮藏条件,使种子劣变降低到最低限度,最有效地保持较高的种子发芽力和活力,从而确保种子的播种价值。种子贮藏期限的长短,因作物种类、贮藏条件等不同而异。

第二节 种子检验和种子贮藏在现代农业中的作用

一、种子检验的作用

种子检验的作用是多方面的,具体作用表现在以下几方面。

1. 把关作用 通过种子检验，实现二重把关作用：收获时把好种子入库关，防止不合格种子入库；销售时把好种子出库关，防止不合格种子流向市场、播入田间，保障用种者的利益和农业生产的安全。

2. 预防作用 从过程控制而言，对上一过程的严格检验，就是对下一过程的预防。通过对种子生产过程中原材料（如亲本）的过程控制、购入种子的复检，以及种子贮藏、运输过程中的检测等，可以防止不合格种子进入下一过程。

3. 行政监督作用 种子检验是种子质量宏观控制的主要形式，通过对种子的监督抽查、质量评价等形式达到行政监督的目的，监督种子生产、流通领域的种子质量状况，及时打击假劣种子的生产经营行为，把假劣种子给农业生产带来的损失降到最低程度。

4. 报告作用 种子检验结果报告或标签是种子贸易必备的文件，可以促进种子贸易的健康发展。

5. 调解种子纠纷的重要依据 监督检验机构出具的种子检验结果报告可以作为种子贸易活动中判定质量优劣的依据，对及时调解种子纠纷有重要作用。

6. 其他作用 如可以提供信息反馈和辅助决策等作用。通过种子检验可以对种子生产、加工、贮藏等过程的技术和管理措施的有效性进行评估，从而发现问题并加以改进，使管理更加有效，质量不断提高。

此外，种子企业通过种子检验，可以掌握本企业的种子质量状况，对出售的种子起到内部质量控制的作用。

开展种子检验，其最终目的就是通过对种子的真实性和纯度、净度、发芽率、生活力、活力、种子健康状况、水分含量和千粒重等项目进行检验和测定，选用高质量的种子播种，杜绝或减少由种子质量所造成的缺苗减产的风险，减少盲目性和冒险性，控制有害杂草的蔓延和危害，充分发挥栽培品种的丰产特性，确保农业生产安全。

二、种子贮藏的作用

种子是极为重要的生产资料，是具有生命的生产资料。高质量的种子是农业增产的关键因素。种子从播种开始到种子成熟被收获，这一阶段是在田间度过的；从收获到再次播种，也就是等待下一次播种这段时间是在储藏仓室内度过的，而室内阶段往往比田间阶段更长（如水稻），如是供歉收年份用的备荒种或是品种资源，则在仓中的时间更长。因此，种子贮藏工作特别重要。众所周知，生产上的良种，是指优良品种的优质种子，而优质的种子必须是纯净一致、饱满完整、健康无病虫、活力强，要达到这些，就要在种子室内阶段下功夫，也就是要在种子加工与贮藏方面努力。减少贮藏期间种子的数量损失和生活力及活力损失，与田间增产粮食具有同等重要的意义。

良好的贮藏条件和科学的加工与贮藏管理方法可以延长种子的寿命，提高种子的播种品质，保持种子的活力，为作物的增产打下良好的基础。反之，如果种子贮藏工作没做好，轻则使种子生活力、活力下降，发芽力低到不能作为种用，重则整仓种子发热霉烂生虫，不能转商，也不能供人畜食用，给生产上播种带来困难，使经济上遭受重大损失，进而对农业生产造成巨大影响。特别是杂交种子，价格较高，若贮藏不当，损失更大。种子安全贮藏的意义在于：保持种子的优良种性；节约种子，减少保管费用，种子数量不发生意外的减少；为扩种、备荒提供种子；为育种工作者创造新物种提供种质；为种子经营提供物质保证。

第二章 种子扦样

第一节　扦样原则和样品组成

一、扦样概述

扦样(sampling)通常是指利用一种专用的扦样器具从袋装或散装种子批取样的工作。扦样的目的是从一批大量的种子中随机扦取重量适当、有代表性的供检样品供检验用。扦样是否正确和样品是否有代表性，直接影响种子检验结果的准确性。

扦样的单位或对象是种子批。种子批以往指同一来源、同一品种、同一年度、同一时期收获，质量基本一致，并在规定数量之内的种子。《国际种子检验规程》现对种子批的定义为物理外观一致、具有唯一标识并在规定数量之内的种子。

二、扦样原则

扦样的每个步骤都应牢牢把握样品的代表性，扦样应遵循以下原则。

(1) 被扦种子批均匀一致，如对种子批的均匀度产生怀疑，可测定其异质性。

(2) 按预定的扦样方案选用适宜的扦样器具扦取样品。各个扦样点扦取的初次样品的种子数量应基本相等。扦样应由受过专门训练、具有扦样经验的持证扦样员担任。

(3) 按照对分递减或随机抽取原则分取样品，分样时必须符合检验规程中规定的对分递减或随机抽取的原则和程序，并选用合适的分样器分取样品。确保样品具有代表性。

(4) 保证样品的可溯性和原始性，样品必须按规程规定的要求进行封缄和标识，能溯源到种子批，并在包装、运输、贮藏等过程中采取措施，尽量保持样品的原有特性。

三、样品的组成与定义

根据扦样原理，首先用扦样器或徒手从种子批取出若干个初次样品，然后将全部初次样品混合组成混合样品，再从混合样品中分取送检样品，送到种子检验室。种子检验室从送检样品中分取试验样品，进行各个项目的测定。

扦样过程涉及一系列的样品，有关样品的定义和相互关系说明如下。

1. 初次样品（primary sample）　是指对种子批的一次扦取操作中所获得的部分种子。

2. 混合样品（composite sample）　是指由种子批内所扦取的全部初次样品合并混合而成的种子。

3. 次级样品（sub-sample）　是指通过分样方法将样品减少而获得的部分种子。

4. 送验样品（submitted sample）　是指送达种子检验机构的样品，该样品可以是整个混合样品或是从其中分取的次级样品。送验样品可分成由不同材料包装以满足特定检验（如水分或种子健康）需要的次级样品。

5. 备份样品（duplicate sample）　是指从相同的混合样品中获得的另外一份样品。

6. 试验样品（working sample）　简称试样，是指不低于检验规程中所规定重量的供某一检验项目用的样品，它可以是整个送验样品或是从其中分取的一个次级样品。

上述定义采用了国际种子检验协会最新版本《国际种子检验规程》中的规定，与《农作物种子检验规程》(GB/T 3543—1995)比较，增加了“次级样品”和“备份样品”的定义。次级样品是一个“小样品对大样品”的相对概念，如送验样品对混合样品，试验样品对送验样品。实际工作中，还有半试样(half sample)，是指将试验样品分减成一半重量的样品。

第二节　扦样与分样器具及使用方法

一、扦样器的种类与扦样方法

扦样器有多种，可根据被扦种子的种类、籽粒大小及包装形式，选择不同的扦样器扦取初次样品。

（一）袋装种子扦样

1. 单管扦样器扦样　单管扦样器又称诺贝扦样器(Nobbe trier)，适用于袋装的中、小粒种子的扦样，不同型号和规格分别用于不同种类的种子，但其构造和使用方法大致相同(图 2－1)。

我国目前常用于袋装扦样的单管扦样器的扦样管由中空的金属管制成，适用于禾谷类(水稻、小麦)种子的单管扦样器总长度约 0.5 m，管内径约 1.4 cm。金属管上有纵向斜槽形

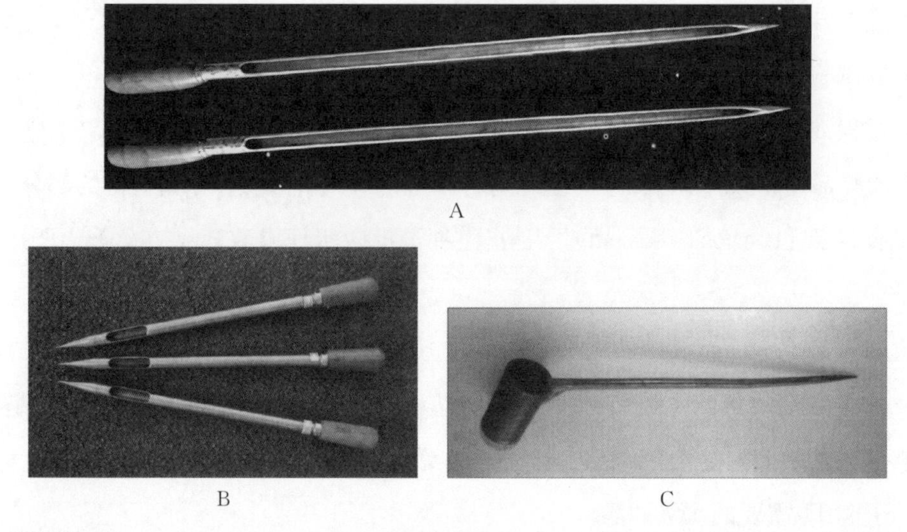

A. 普通单管扦样器；B. 适用于 25 kg 袋装玉米种子扦样的诺贝扦样器；C. 适用于三叶草种子扦样的带筒诺贝扦样器。

图 2－1　不同的单管扦样器(胡晋,2015)

切口，槽长约 40 cm，宽度约 0.8 cm，管的上端尖锐，管的下端略粗，与中空的手柄相连，便于种子流出。选择扦样器时应掌握一条原则：扦样器的长度应略短于被扦种子包装袋的斜角长度。用于三叶草及类似大小种子的，宜选用管内直径不小于 10 mm 的扦样器，用于玉米及类似大小种子的，宜选用管内直径不小于 20 mm 的扦样器。

单管扦样器扦样程序可分为以下几步。

第一，将扦样器和盛样器清洁干净。

第二，扦样时，用扦样器尖端拨开包装袋一角的线孔，扦样器槽口向下，扦样器尖端与水平成 30°自袋角斜向上慢慢地插入袋内，直至到达袋中心。

第三，手柄旋转 180°，使槽口向上，稍稍振动，使种子落入孔内，确保扦样器全部装满种子。

第四，慢慢抽出扦样器，松开手柄孔口，慢慢抬起扦样器的尖端，使种子从手柄孔口流入盛样器中。

第五，用扦样器尖端将插孔处编织线拨回，封好扦样孔，也可用胶带纸黏贴扦样孔。

2. 双管扦样器扦样　双管扦样器由两个同心的金属圆管制成，在管壁上等距离开有长形孔，两管的管壁紧密套合，外管尖端有实心的圆锥体，便于扦入种子堆，内管末端与手柄相连，便于转动。孔与孔之间用木塞隔离，向相反方向旋转手柄，可使外管的管壁封住内管的管孔(图 2－2)。扦样时应注意不要过分用力，以免轧伤种子。常用双管扦样器的规格见表 2－1。

从下到上分别为散装种子双管扦样器、圆锥形扦样器、长柄短筒圆锥形扦样器、袋装种子双管扦样器。

图 2-2　不同类型的种子扦样器(胡晋　摄)

表 2-1　双管扦样器规格

适用种子类型	扦样器的长度(mm)	外径(mm)	扦样孔数量(个)
小粒易流动种子(袋装)	762	12.7	9
禾谷类种子(袋装)	762	25.4	6
禾谷类种子(散装)	1 600	38.0	6～9

资料来源:胡晋,2015。

双管扦样器扦样程序可分为以下几步。

第一,将扦样器和盛样器清洁干净。

第二,旋转手柄,使孔口关闭。

第三,扦样时,用扦样器尖端拨开包装袋一角的线孔或袋口中部,扦样器尖端与水平成30°自袋角沿对角线斜向上或沿袋口中部向下慢慢地插入袋内,直至到达袋中心。

第四,手柄旋转 180°,打开孔口,稍稍振动,使种子落入孔内,确保扦样器全部装满种子。

第五,手柄旋转 180°,关闭孔口,注意不要关太紧,以避免轧伤种子增加杂质部分。

第六,慢慢抽出扦样器,将扦样器平放在盛样器上,旋转扦样器内、外管,打开扦样孔,倒出种子。

第七,用扦样器尖端将插孔处编织线拨回,封好扦样孔,也可用胶带纸黏贴扦样孔。

双管扦样器可以水平、对角斜插或垂直使用。但当垂直使用时,须有隔板把它分成几个室。

3. 徒手扦样　当用扦样器具扦样时会损伤种子,对种子会有选择和分离,或使病原菌交叉污染时,可以用徒手扦样。徒手扦样适用于带稃壳种子、不会自由流动种子、含有秸秆或其他粗杂质的种子,也适用于低水分下容易开裂和损伤的种子。取样时手要清洁,必要时卷起袖子,手伸开五指合拢插入麻袋等容器内至所需取样部位,抓一把种子后合拢手指不让种子漏出,将种子放入盛接盘中。如果种子是经包衣等处理过的,可以戴上乳胶手套取样。

对棉花、花生种子,必须拆开袋口徒手扦样,或倒包扦样。倒包扦样时,拆开袋口缝线,用两手掀起袋底两角，袋身倾斜 45°，徐徐后退 1 m，将种子全部倒在清洁的布或塑料纸上，保持原来层次，然后，分上、中、下不同位置徒手取出初次样品。

（二）散装种子扦样

1. 双管扦样器扦样 散装种子的双管扦样器与袋装种子双管扦样器构造与使用方法基本相同，用于散装种子的长度一般为 1 600 mm，外径为 38 mm（图 2－2）。近年来，德国开发了铝合金的双管扦样器，减轻了扦样器的重量，降低了扦样员的劳动强度，同时该扦样器开孔不在一条直线上，利于减少扦样对种子的破损程度。

2. 长柄短筒圆锥形扦样器扦样 适用于散装种子的扦样。它用铁质材料制成，由长柄和扦样筒两部分组成。长柄有实心和空心两种，柄长 2～3 m，由 3～4 节组成，节与节之间由螺丝连接，可调节长度，最上一节是圆环形握柄。扦样筒由圆锥体、套筒、进种门、活动塞、定位鞘等组成。

使用时先将扦样器清理干净，旋紧螺丝，关闭进种门，然后以 30°的斜度插入种子堆内，到达一定深度后，用力向上一拉，使活动塞离开进种门，略微振动，使种子掉入，关闭进种门，再抽出扦样器把种子倒在干净的样品布上或样品盘中。扦取水稻种子时，每次大约 25 g，麦类约 30 g。这种扦样器的优点是扦头小，容易插入，省力，同时因柄长，可扦取深层的种子（图 2－2）。

3. 圆锥形扦样器扦样 适用于种子柜、汽车或车厢中散装种子的扦样。圆锥形扦样器由活动铁轴和一个下端尖的倒圆锥形套筒组成，轴的下段连接套筒盖，可沿支杆上下自由活动，上段有一圆环形握柄（图 2－2）。

使用时将扦样器垂直或略微倾斜地插入种子堆中，压紧铁轴，使套筒盖盖住套筒，达到一定深度后，拉上铁轴，使套筒盖升起，然后略微振动，使种子掉入套筒内，最后抽出扦样器。这种扦样器适用于玉米、稻、麦等大、中粒散装种子扦样。每次扦取数量，水稻约 100 g，小麦约 150 g。这种扦样器的优点是每次扦样数量比较多。

二、分样器的种类与使用方法

（一）圆锥形分样器

圆锥形分样器（conical divider）也称钟鼎式分样器，由漏斗、圆锥体及一组将种子均匀通向两个出口的档格组成（图 2－3）。这些档格形成相间的凹槽通向一个出口，空格则通向相对的出口。在漏斗的底部有一个开关，当开关打开时，种子下落到圆锥体的尖端而均匀分配到凹槽和空格内，从出口进入盛样器内，将样品一分为二。

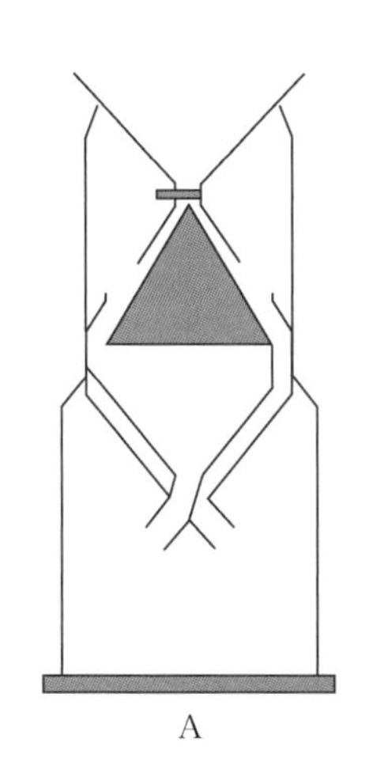

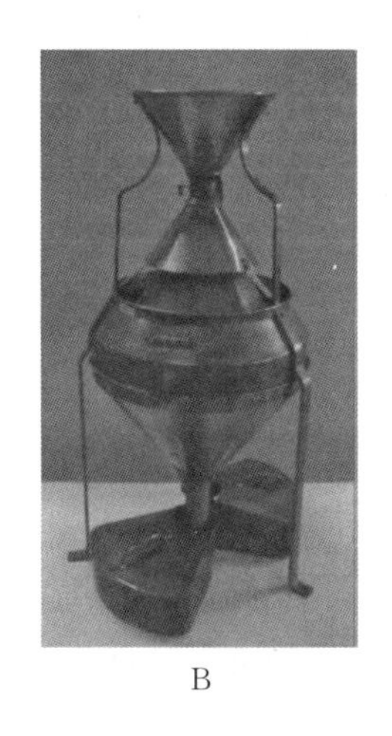

A　　B　　C

A. 圆锥形分样器的结构原理；B. 铜制圆锥形分样器；C. 国产圆锥形分样器。

图 2－3　圆锥形分样器(胡晋等，2022)

圆锥形分样器有两种规格：一种是适用于小粒种子(小于小麦种子)，各有 22 个凹槽和 22 个空格，槽与格宽均为 7.9 mm，分样器高 406.4 mm，直径 152.4 mm；另一种适用于大粒种子(等于或大于小麦种子)，各有 19 个凹槽和空格，槽与格宽均为 25.4 mm，分样器高 812.8 mm，直径 368.3 mm。

圆锥形分样器的使用程序分为以下几步。

第一，检查分样器和盛样器是否干净，确保分样器在牢固的水平面上处于水平状态。

第二，在分样器的出口各放一个盛样器，分别记为盛样器 A 和 B，将混合样品倒入盛样器 C 中，再将 C 中的种子倒入漏斗中，用刮板将样品表面刮平，快速打开开关，使种子迅速下落；将盛样器 A 和 B 中的种子倒入盛样器 C 中，再次分样，如此重复 2～3 次，确保种子样品达到随机充分混合。

第三，将充分混合的样品倒入漏斗中，放好盛样器，打开开关，将混合样品一分为二，将盛样器 A 中的样品倒入混合样品的盛样器中，将盛样器 B 中的样品倒入漏斗中，继续分样，如此对分，直至达到送检样品规定重量。如最后一次分得的样品低于送检样品的规定重量，不得拿小量样品来补充，应从混合样品的其余部分采取减半法分取。

第四，将符合规定重量的送检样品放入样品袋内，按规程规定的要求进行封缄，并填写相关的信息表。分取试验样品不需要封缄。

(二) 横格式分样器

横格式分样器也称土壤分样器(soil divider)，是目前世界上广泛应用的分样器，适合于大粒和带皮壳种子的分样(图 2－4)。横格式分样器用铁、铝或不锈钢制成。其结构是顶部为一长方形漏斗，下面是12～18个排列成一行的长方形格子凹槽，其中相间的一半格子通向一个方向，另一半格子通向相反方向，每组格子下面分别有一个与凹槽长度相等的盛样器。使用时，将盛样盘、倾倒盘等清理干净，并将其放在合适的位置，把样品倒入倾倒盘摊平，迅速翻转使种子落入漏斗内，或直接倒入漏斗，经过格子分两路落入盛样器，即将样品一分为二。国外现有较窄入口的横格式分样器(图2-4B)，可以提高样品减半过程的随机性。

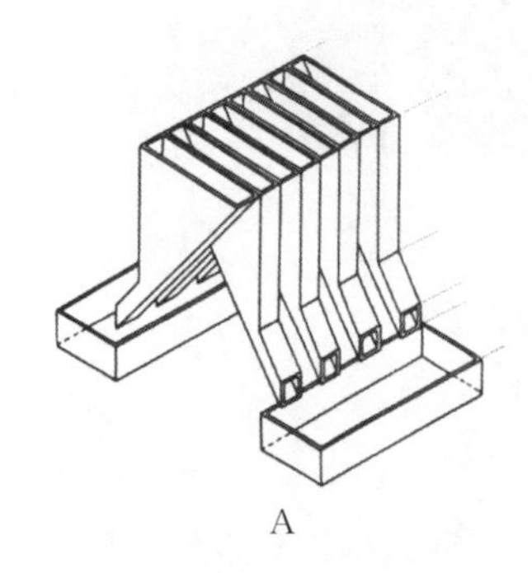
A

B

C

A. 横格式分样器的结构原理；B. 具有较窄入口和翻转倾倒盘的横格式分样器；C. 横格式分样器。

图2-4 横格式分样器(胡晋,2015)

(三) 离心式分样器

离心式分样器(centrifugal divider)是应用离心力将种子混合撒布在分离面上(图2-5)。在此分样器中，种子向下流动，经过漏斗到达浅橡皮杯或旋转器内。由马达带动旋转器，种子即被离心力抛出落下。种子落下的圆周或面积由固定的隔板等分成两部分，因此大约一半种子流到一个出口，其余一半流到另一个出口。使用时，先开动旋转器，再倒入种子，否则结果有异。这种分样器通常用于牧草种子和具壳种子的分样。

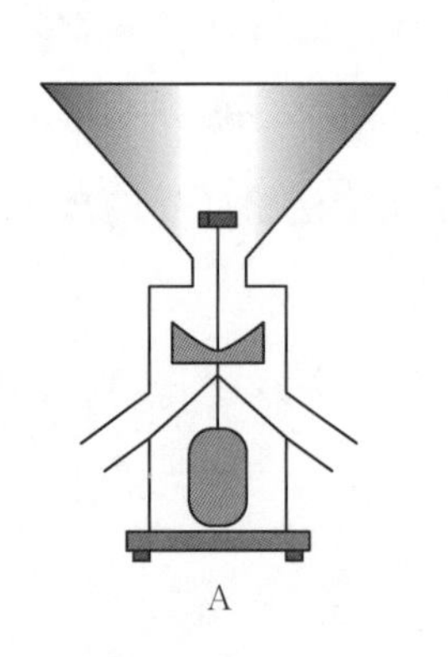
A

B

C

A. 离心式分样器的结构原理；B、C. 离心式分样器。

图2-5 离心式分样器(胡晋,2015)

(四) 旋转式分样器

旋转式分样器(rotary divider)由一个旋转头及上面所附的6～10个收集瓶、一个漏斗和一个振动槽所构成(图2-6)。旋转头以100 r/min的速度旋转,种子通过振动槽进入旋转头的入口,落到分配器,由分配器将种子分配至各收集瓶。可以一次分样得到1/32～1/6次级样品的比例。此种分样器适用于牧草、花卉等小粒种子。

图2-6　旋转式分样器
(胡晋等,2022)

第三节　种子扦样和分样程序

一、种子扦样程序

此处的种子扦样程序是指从种子批扦取送验样品的程序,步骤如下。

(一) 准备器具

根据被扦种子种类,准备好各种扦样必需的器具:扦样器、样品盛放容器、送验样品袋、供水分测定的样品容器、扦样单、标签、封签、天平等。如涉及转基因种子检测的扦样,所有扦样、分样用具需用吸尘器清理。

(二) 检查种子批

在扦样前,扦样员应向被扦单位了解种子批的有关情况,并对被扦的种子批进行检查,确定是否符合规程的规定。

1. 种子批大小　检查种子批的袋数和每袋的重量,从而确定其总重量,再与表2-2所规定的重量(其容许差距为5%)进行比较。如果种子批重量超过规定要求,应分成几批,并分别扦样。

在种子批均匀一致(无异质性)的情况下,包衣种子种子批的最大重量可与表2-2规定的最大重量相同,种子批的最大种子粒数限额为1×10^9粒(即10 000个单位,每单位为100 000粒种子),但是种子批的最大重量(包括各种包衣材料或薄膜)不得超过其规定重量的105%,如玉米种子批的最大重量42 000 kg(即40 000 kg加上5%的容许差距)。用单位粒数表示种子批大小时,该种子批的总重量应在检验报告上填报。

2. 种子批处于便于扦样状况　被扦的种子批的堆放应便于扦样,扦样人员至少能靠近种子批堆放的两个面进行扦样。如果达不到这一要求,必须要求移动种子袋。

表 2-2　农作物种子批的最大重量和样品最小重量

种(变种)名	学　名	种子批的最大重量(kg)	样品最小重量(g)		
			送验样品	净度分析试样	其他植物种子计数试样
洋葱	*Allium cepa* L.	10 000	80	8	80
葱	*Allium fistulosum* L.	10 000	50	5	50
韭葱	*Allium porrum* L.	10 000	70	7	70
细香葱	*Allium schoenoprasum* L.	10 000	30	3	30
韭菜	*Allium tuberosum* Rottl. Ex Spreng.	10 000	100	10	100
苋	*Amaranthus tricolor* L.	5 000	10	2	10
芹菜	*Apium graveolens* L.	10 000	25	1	10
根芹菜	*Apium graveolens* L. var. *rapaceum* DC.	10 000	25	1	10
花生	*Arachis hypogaea* L.	25 000	1 000	1 000	1 000
牛蒡	*Arctium lappa* L.	10 000	50	5	50
石刁柏	*Asparagus officinalis* L.	20 000	1 000	100	1 000
紫云英	*Astragalus sinicus* L.	10 000	70	7	70
裸燕麦(莜麦)	*Avena nuda* L.	25 000	1 000	120	1 000
普通燕麦	*Avena sativa* L.	25 000	1 000	120	1 000
落葵	*Basella* spp. L.	10 000	200	60	200
冬瓜	*Benincasa hispida* (Thunb.) Cogn.	10 000	200	100	200
节瓜	*Benincasa hispida* Cogn. var. *chiehqua* How.	10 000	200	100	200
甜菜	*Beta vulgaris* L.	20 000	500	50	500
叶甜菜	*Beta vulgaris* L. var. *cicla* L.	20 000	500	50	500
根甜菜	*Beta vulgaris* L. var. *rapacea* Koch	20 000	500	50	500
白菜型油菜	*Brassica campestris* L.	10 000	100	10	100
不结球白菜(包括白菜、乌塌菜、紫菜薹、薹菜、菜薹)	*Brassica campestris* L. ssp. *chinensis* (L.) Makino	10 000	100	10	100
芥菜型油菜	*Brassica juncea* Czern. Et Coss.	10 000	40	4	40
根用芥菜	*Brassica juncea* Coss. var. *megarrhiza* Tsen et Lee	10 000	100	10	100
叶用芥菜	*Brassica juncea* Coss. var. *foliosa* Bailey	10 000	40	4	40
茎用芥菜	*Brassica juncea* Coss. var. *tsatsai* Mao	10 000	40	4	40
甘蓝型油菜	*Brassica napus* L. ssp. *pekinensis* (Lour.) Olsson	10 000	100	10	100

续　表

种(变种)名	学　名	种子批的最大重量(kg)	样品最小重量(g)		
			送验样品	净度分析试样	其他植物种子计数试样
芥蓝	*Brassica oleracea* L. var. *alboglabra* Bailey	10 000	100	10	100
结球甘蓝	*Brassica oleracea* L. var. *capitata* L.	10 000	100	10	100
球茎甘蓝(苤蓝)	*Brassica oleracea* L. var. *caulorapa* DC.	10 000	100	10	100
花椰菜	*Brassica oleracea* L. var. *botrytis* L.	10 000	100	10	100
抱子甘蓝	*Brassica oleracea* L. var. *gemmifera* Zenk.	10 000	100	10	100
青花菜	*Brassica oleracea* L. var. *italica* Plench	10 000	100	10	100
结球白菜	*Brassica campestris* L. ssp. *pekinensis* (Lour.) Olsson	10 000	100	4	40
芜菁	*Brassica rapa* L.	10 000	70	7	70
芜菁甘蓝	*Brassica napobrassica* Mill.	10 000	70	7	70
木豆	*Cajanus cajan* (L.) Millsp.	20 000	1 000	300	1 000
大刀豆	*Canavalia gladiata* (Jacq.) DC.	20 000	1 000	1 000	1 000
大麻	*Cannabis sativa* L.	10 000	600	60	600
辣椒	*Capsicum frutescens* L.	10 000	150	15	150
甜椒	*Capsicum frutescens* var. *grossum* Bailey	10 000	150	15	150
红花	*Carthamus tinctorius* L.	25 000	900	90	900
茼蒿	*Chrysanthemum coronarium* var. *spatisum* Bailey	5 000	30	8	30
西瓜	*Citrullus lanatus* (Thunb.) Matsum. et Nakai	20 000	1 000	250	1 000
薏苡	*Coix lacryma-jobi* L.	5 000	600	150	600
圆果黄麻	*Corchorus capsularis* L.	10 000	150	15	150
长果黄麻	*Corchorus olitorius* L.	10 000	150	15	150
芫荽	*Coriandrum sativum* L.	10 000	400	40	400
柽麻	*Crotalaria juncea* L.	10 000	700	70	700
甜瓜	*Cucumis melo* L.	10 000	150	70	150
越瓜	*Cucumis melo* L. var. *conomon* Makino	10 000	150	70	150
菜瓜	*Cucumis melo* L. var. *flexuosus* Naud.	10 000	150	70	150
黄瓜	*Cucumis sativus* L.	10 000	150	70	150

续 表

种(变种)名	学　　名	种子批的最大重量(kg)	样品最小重量(g)		
			送验样品	净度分析试样	其他植物种子计数试样
笋瓜(印度南瓜)	*Cucurbita maxima* Duch. ex Lam	20 000	1 000	700	1 000
南瓜(中国南瓜)	*Cucurbita moschata* (Duchesne) Duchesne ex Poiret	10 000	350	180	350
西葫芦(美洲南瓜)	*Cucurbita pepo* L.	20 000	1 000	700	1 000
瓜儿豆	*Cyamopsis tetragonoloba* (L.) Taubert	20 000	1 000	100	1 000
胡萝卜	*Daucus carota* L.	10 000	30	3	30
扁豆	*Dolichos lablab* L.	20 000	1 000	600	1 000
龙爪稷	*Eleusine coracana* (L.) Gaertn.	10 000	60	6	60
甜荞	*Fagopyrum esculentum* Moench	10 000	600	60	600
苦荞	*Fagopyrum tataricum* (L.) Gaertn.	10 000	500	50	500
茴香	*Foeniculum vulgare* Miller	10 000	180	18	180
大豆	*Glycine max* (L.) Merr.	25 000	1 000	500	1 000
棉花	*Gossypium* spp.	25 000	1 000	350	1 000
向日葵	*Helianthus annuus* L.	25 000	1 000	200	1 000
红麻	*Hibiscus cannabinus* L.	10 000	700	70	700
黄秋葵	*Hibiscus esculentus* L.	20 000	1 000	140	1 000
大麦	*Hordeum vulgare* L.	25 000	1 000	120	1 000
蕹菜	*Ipomoea aquatica* Forsskal	20 000	1 000	100	1 000
莴苣	*Lactuca sativa* L.	10 000	30	3	30
瓠瓜	*Lagenaria siceraria* (Molina) Standley	20 000	1 000	500	1 000
兵豆(小扁豆)	*Lens culinaris* Medikus	10 000	600	60	600
亚麻	*Linum usitatissimum* L.	10 000	150	15	150
棱角丝瓜	*Luffa acutangula* (L.) Roxb.	20 000	1 000	400	1 000
普通丝瓜	*Luffa cylindrica* (L.) Roem.	20 000	1 000	250	1 000
番茄	*Lycopersicon esculentum* Mill.	10 000	15	7	15
金花菜	*Medicago polymorpha* L.	10 000	70	7	70
紫花苜蓿	*Medicago sativa* L.	10 000	50	5	50
白香草木樨	*Melilotus albus* Desr.	10 000	50	5	50
黄香草木樨	*Melilotus officinalis* (L.) Pallas	10 000	50	5	50
苦瓜	*Momordica charantia* L.	20 000	1 000	450	1 000
豆瓣菜	*Nasturtium officinale* R. Br.	10 000	25	0.5	5
烟草	*Nicotiana tabacum* L.	10 000	25	0.5	5
罗勒	*Ocimum basilicum* L.	10 000	40	4	40
稻	*Oryza sativa* L.	25 000	400	40	400

续　表

种(变种)名	学　名	种子批的最大重量(kg)	样品最小重量(g)		
			送验样品	净度分析试样	其他植物种子计数试样
豆薯	*Pachyrhizus erosus* (L.) Urban	20 000	1 000	250	1 000
黍(糜子)	*Panicum miliaceum* L.	10 000	150	15	150
美洲防风	*Pastinaca sativa* L.	10 000	100	10	100
香芹	*Petroselinum crispum* (Miller) Nyman ex A. W. Hill	10 000	40	4	40
多花菜豆	*Phaseolus multiflorus* Willd.	20 000	1 000	1 000	1 000
利马豆(莱豆)	*Phaseolus lunatus* L.	20 000	1 000	1 000	1 000
菜豆	*Phaseolus vulgaris* L.	25 000	1 000	700	1 000
酸浆	*Physalis pubescens* L.	10 000	25	2	20
茴芹	*Pimpinella anisum* L.	10 000	70	7	70
豌豆	*Pisum sativum* L.	25 000	1 000	900	1 000
马齿苋	*Portulaca oleracea* L.	10 000	25	0.5	5
四棱豆	*Psophocarpus tetragonolobus* (L.) DC.	25 000	1 000	1 000	1 000
萝卜	*Raphanus sativus* L.	10 000	300	30	300
食用大黄	*Rheum rhaponticum* L.	10 000	450	45	450
蓖麻	*Ricinus communis* L.	20 000	1 000	500	1 000
鸦葱	*Scorzonera hispanica* L.	10 000	300	30	300
黑麦	*Secale cereale* L.	25 000	1 000	120	1 000
佛手瓜	*Sechium edule* (Jacp.) Swartz	20 000	1 000	1 000	1 000
芝麻	*Sesamum indicum* L.	10 000	70	7	70
田菁	*Sesbania cannabina* (Retz.) Pers.	10 000	90	9	90
粟	*Setaria italica* (L.) Beauv.	10 000	90	9	90
茄子	*Solanum melongena* L.	10 000	150	15	150
高粱	*Sorghum bicolor* (L.) Moench	10 000	900	90	900
菠菜	*Spinacia oleracea* L.	10 000	250	25	250
黎豆	*Stizolobium* ssp.	20 000	1 000	250	1 000
番杏	*Tetragonia tetragonioides* (Pallas) Kuntze	20 000	1 000	200	1 000
婆罗门参	*Tragopogon porrifolius* L.	10 000	400	40	400
小黑麦	*X Triticosecale* Wittm.	25 000	1 000	120	1 000
小麦	*Triticum aestivum* L.	25 000	1 000	120	1 000
蚕豆	*Vicia faba* L.	25 000	1 000	1 000	1 000
箭舌豌豆	*Vicia sativa* L.	25 000	1 000	140	1 000
毛叶苕子	*Vicia villosa* Roth	20 000	1 080	140	1 080
赤豆	*Vigna angularis* (Willd) Ohwi & Ohashi	20 000	1 000	250	1 000
绿豆	*Vigna radiata* (L.) Wilczek	20 000	1 000	120	1 000

续 表

种(变种)名	学　名	种子批的最大重量(kg)	样品最小重量(g)		
			送验样品	净度分析试样	其他植物种子计数试样
饭豆	*Vigna umbellata* (Thunb.) Ohwi & Ohashi	20 000	1 000	250	1 000
长豇豆	*Vigna unguiculata* W. ssp. *sesquipedalis* (L.) Verd.	20 000	1 000	400	1 000
矮豇豆	*Vigna unguiculata* W. ssp. *unguiculata* (L.) Verd.	20 000	1 000	400	1 000
玉米	*Zea mays* L.	40 000	1 000	900	1 000

资料来源:GB/T 3543.2—1995。

3. 检查种子容器的封口和标识　所有盛装的种子袋或容器必须封口,并有一个相同的批号或编码的标签,此标识必须记录在扦样单或样品袋上。如果扦样前种子批已贴上标识或标签并已经封缄,种子扦样员必须核实每个容器的标识或标签和封口。扦样员对封条、标签和样品袋负责。除非样品已被封缄,扦样员应确保不将初次样品、混合样品或送验样品交给未经检验室授权的人员。

当种子批重新包装在新容器中时,如符合下列条件,签发的种子批检验报告仍然有效:①原种子批的种子身份没有改变;②种子批的身份编码没有改变;③种子扦样员在场;④在装入新容器过程中,种子没有经过任何处理。

4. 检查种子批均匀度　确保种子批已进行适当混合、掺匀和加工,尽可能达到均匀一致。如有异质性的文件记录或其他证据时,应拒绝扦样。如发生怀疑,可按规定的异质性测定方法进行测定。

(三) 确定扦样频率

扦取初次样品的频率(通常称为点数),要根据扦样容器(袋)的大小和类型而定。《农作物种子检验规程　扦样》(GB/T 3543.2—1995)规定了袋装的扦样袋(容器)数(表 2-3)和散装的扦样点数(表 2-4)。

表 2-3　袋装种子的最低扦样频率

种子批的袋(容器)数	扦样的最低袋(容器)数
1～5	每袋都扦取,至少扦取 5 个初次样品
6～14	不少于 5 袋

续　表

种子批的袋(容器)数	扦样的最低袋(容器)数
15～30	每3袋至少扦取1袋
31～49	不少于10袋
50～400	每5袋至少扦取1袋
401～560	不少于80袋
561以上	每7袋至少扦取1袋

表2-4　散装种子的扦样点数

种子批大小(kg)	扦样点数
50以下	不少于3点
51～1 500	不少于5点
1 501～3 000	每300 kg至少扦取1点
3 001～5 000	不少于10点
5 001～20 000	每500 kg至少扦取1点
20 001～28 000	不少于40点
28 001～40 000	每700 kg至少扦取1点

表2-4中所规定的扦样频率，在实际操作过程中比较繁琐。在新修订的《农作物种子检验规程　扦样》中，参照《国际种子检验规程》对此作了修订(表2-5和表2-6)，降低了扦样频率。

表2-5　容量为15～100 kg(含100 kg)的袋装(容器)种子批的最低扦样频率

种子批的袋(容器)数	扦取初次样品的最低数目
1～4个容器	每个容器扦取3个初次样品
5～8个容器	每个容器扦取2个初次样品
9～15个容器	每个容器扦取1个初次样品
16～30个容器	扦取15个初次样品(15个容器中各1次)
31～59个容器	扦取20个初次样品(20个容器中各1次)
60个或更多容器	扦取30个初次样品(30个容器中各1次)

资料来源：ISTA，2017。

表2-6　大于100 kg容器或种子流扦样的最低频率

种子批大小(kg)	扦取初次样品数量
小于等于500	至少扦取5个
501～3 000	每300 kg扦取1个初次样品，但不得少于5个

续 表

种子批大小(kg)	扦取初次样品数量
3 001～20 000	每 500 kg 扦取 1 个初次样品,但不得少于 10 个
等于或大于 20 001	每 700 kg 扦取 1 个初次样品,但不得少于 40 个

资料来源:ISTA, 2017。

1. **袋装容器** 盛装种子在 15～100 kg(含 100 kg)内的容器为袋装容器。对于 15 kg 和 100 kg 之间的种子容器,按照表 2-5 规定的扦样频率作为最低要求。

《农作物种子检验规程》所述的袋装种子是指在一定量值范围内的定量包装,其质量的量值规定在 15～100 kg(含 100 kg),超过这个量值范围不是《农作物种子检验规程》所述的袋装种子,不是用袋子包装的就是袋装。

在实践中,通常扦样前先了解被扦种子批的总袋数,然后按表 2-5 的规定确定至少应扦取的袋数。袋装(或容器)种子堆垛存放时,可随机选定取样的袋,从上、中、下各部位设立扦样点,每个容器只需扦一个部位。不是堆垛存放时,可平均分配,间隔一定袋数扦取。

2. **小包装容器** 盛装种子等于或小于 15 kg 的小容器(如金属罐、纸盒)为小包装容器。对于小于 15 kg 的种子容器,扦样时以 100 kg 种子的重量作为扦样的基本单位。基本单位总重量不超过 100 kg,如 20 个 5 kg 的容器,33 个 3 kg 的容器,或 100 个 1 kg 的容器。将每一个基本单位视为一个"容器",再按表 2-5 的最低扦样频率要求进行扦样。如有一种子批,每一容器为盛装 5 kg 的种子,共有 600 个容器,据此可以推算具有 30 个基本单位,因此至少应扦取 15 个初次样品。对于具有密封的小包装(如瓜菜种子),如重量只有 200 g、100 g 和 50 g 或更小的,则可直接取一小包装作为初次样品,并根据表 2-2 规定所需的送验样品数量来确定袋数,随机从种子批中抽取。

3. **种子丸粒、种子颗粒、种子带、种子毯** 对于种子丸粒(seed pellets)、种子颗粒(seed granules)、种子带(seed tapes)、种子毯(seed mats),将小于 300 000 种子单位的容器组合形成不超过 2 000 000 种子单位,视为一个基本单位(即一个容器),再依据表 2-5 的扦样频率进行扦样。

4. **大型容器** 盛装种子大于 100 kg 的容器(如集装箱)或正在装入容器的种子流的容器为大型容器。对于大于 100 kg 种子容器或正在装入容器的种子流,其种子批扦样最低数目应符合表 2-6 要求。扦样时应随机从各部位及深度扦取初次样品。每个部位扦取的数量应大体相等。

5. 其他情形　①对于包膜种子，其扦样最低频率应符合表 2－5 和表 2－6；②对小于 15 个容器的种子批扦样时，不管其容器的大小，从每个容器中扦取相同数目的初次样品；③如果种子批为加工包装好的、在仓库待销售或市场销售种子的成品种子，且种子批数量较少，或者扦样目的仅为检测真实性、转基因等特定项目，扦样可不受容器包装大小和扦样频率的限制，直接取一个或几个包装种子作为初次样品，获取规定的最小重量种子样品，包括送验样品和备份样品。

圆仓或围囤的面积较小，不必分区，只需设扦样点，并按其直径，分别在内、中、外设点。内点在圆仓中心，中点在圆仓半径的 1/2 处，外点在距圆仓边缘 30 cm 处。扦样时在圆仓的一条直径线上，按上述部位设立内、中、外 3 个点；再在与此直径垂直的一条线上，按上述部位设 2 个中点，共设 5 个点，圆仓或围囤直径超过 7 m，则再增加 2 点。其扦样方法与大型容器扦样方法相同。

（四）选择扦样方法和器具扦取初次样品

根据种子种类、包装的容器选择适宜的方法和扦样器扦取初次样品。如有要求，还应额外扦取备份样品的种子。容器需打开或穿孔才能抽取初次样品的，已扦样的容器应封口或者将其内含物转移到新的容器中。

（五）配制混合样品

初次样品经比较，外观呈现一致的，可将扦取的所有初次样品合并放入样品盛放器中，组成混合样品。

（六）送验样品的制备和处理

送验样品是在混合样品的基础上配制而成的。当混合样品的数量与送验样品规定的数量相等时，即可将混合样品作为送验样品。当混合样品数量较多时，即可从中分出规定数量的送验样品。

1. 送验样品的重量　送验样品的重量根据种子大小和作物种类及检验项目而定。根据研究，供净度分析的送验样品约为 25 000 粒种子就具有代表性。将此数量折成重量，即送验样品的最低重量。

（1）水分测定。需磨碎的种类为 100 g，不需磨碎种类为 50 g。混合样品混合 1 次，从不同位置至少取 3 个次级样品，混合制备成所需数量。

（2）品种真实性和纯度鉴定见表 2－7。

表 2-7　品种真实性和纯度鉴定送验样品重量(单位:g)

种类	真实性		纯度	
	实验室测定	实验室和小区种植	实验室测定	实验室和小区种植
玉米等大粒种子	100	200	500	1 000
小麦等中粒种子	50	100	250	500
甜菜等小粒种子	25	50	125	250

(3) 所有其他项目测定。所有其他项目测定包括净度分析、其他植物种子数目测定,以及净度分析后净种子作为试样的发芽试验、生活力测定、重量测定、种子健康测定等,其送验样品最低重量见表 2-2 第 4 列。当送验样品小于规定重量时,应通知扦样员补足后再进行分析。但某些较为昂贵或稀有品种、杂交种可以例外,允许送验样品数量较少,如不进行其他植物种子数目测定,送验样品应至少达到表 2-2 第 5 列净度分析试验样品的规定重量,并在检验报告上加以说明。

(4) 包衣种子等。种子丸粒、包膜种子、种子颗粒、种子带和种子毯送验样品不得少于表 2-8、表 2-9 所规定的粒数。因为包衣种子送验样品所含的种子数比非包衣种子的相同样品要少一些,所以在扦样前必须确保所扦的样品能代表种子批。在扦样、处理及运输过程中,必须注意避免包衣材料的脱落,并且必须将样品装在适宜容器内寄送。

表 2-8　丸化与包膜种子的样品大小(粒数)

检测项目	送验样品不得少于	试验样品不得少于
净度分析(包括植物种的鉴定)	2 500	2 500
重量测定	2 500	净丸化粒部分
发芽试验	2 500	400
其他植物种子数目测定	10 000	7 500
其他植物种子数目测定(包膜种子和种子颗粒)	25 000	25 000
大小分级	5 000	1 000

资料来源:ISTA, 2017。

表 2-9　种子带和种子毯的样品大小(粒数)

检测项目	送验样品不得少于	试验样品不得少于
种的鉴定	300	100
发芽试验	2 000	400
净度分析(如有要求)	2 500	2 500
其他植物种子数目测定	10 000	7 500

资料来源:ISTA, 2017。

对于小种子批的发芽和生活力检测，完成一次检测至少需要 25 粒种子作为鉴定的保证。

2. 送验样品的分取　通常在仓库或现场配得混合样品后，即可称其重量，若混合样品重量与送验样品重量相符，就可作为送验样品。如数量较多时，则可用分样器或分样板分出足够数量的送验样品。当仓库或现场没有分样器具时，也可将混合样品携带入种子检验室进行分样。

3. 送验样品的处理　供净度分析等检测项目的送验样品应装入纸袋或布袋，贴好标签，封缄。供水分测定的送验样品，应将其装入防湿密封容器，如塑料薄膜袋中。如果室内外温差较大，送验样品可以放在保温箱内，连箱一起送往检验室，以防止结露。送验样品应由扦样员尽快送往种子检验室进行检测，不得延误。

（七）填写扦样单

扦样单一般可以一式 2 份，一份交种子检验室，一份交被扦单位保存。如果是监督检验，扦样单必须一式 3 份，承检机构和被抽查企业各留存一份，报送下达抽查任务的农业行政主管部门一份。

关于扦样单的内容，《国际种子检验规程》没有规定，但《ISTA 种子检验室认可标准》中规定扦样单必须填报下列内容：①扦样员姓名、身份（即扦样员证号）及签字；②被扦单位的名称和地址；③扦样日期；④种子批号或标签号；⑤种和品种名称；⑥种子批重量；⑦容器（袋）数量（和种类）；⑧检测项目；⑨有关影响检测结果的扦样环境条件的说明；⑩被扦样单位提供的其他信息。

据此，结合我国的实际，设计了表 2－10 的扦样单格式，供参照。

二、种子分样程序

送验样品送到种子检验室后，首先要进行验收，验收包括样品包装、封口是否完整，重量是否符合检验规程规定的最低重量等内容。验收合格后，按规定要求进行登记，并从速安排进行分样和检测，如不能及时分样和检测，须将样品保存在凉爽、通风的样品贮藏室内。

（一）试验样品的最低重量

进行种子质量检测前，应依据检测项目的要求从送验样品中分出有代表性的试验样品，供检验某一检测项目用。净度分析的试验样品最低重量见表 2－2 第 5 列的规定；供其他植物种子数目测定的试样差异很大，如水稻种子为 400 g，玉米种子为 1 000 g，见表 2－2 第 6 列

表 2-10　农作物种子扦样单

扦样编号：

<table>
<tr><td rowspan="7">抽查情况</td><td>任务来源</td><td></td><td>检验类别</td><td></td><td>样品编号</td><td>*扦样时不填写*</td></tr>
<tr><td>检验项目</td><td colspan="5">□净度　□发芽率　□纯度　□水分　□真实性　□转基因　□________</td></tr>
<tr><td>检验方法</td><td colspan="2">□GB/T3543□NY/T1432
□其他________</td><td>判定规则</td><td colspan="2">a) GB20464　□NY/T1432
b) 其他________</td></tr>
<tr><td>扦样机构</td><td colspan="3"></td><td>联系电话</td><td></td></tr>
<tr><td>机构地址</td><td colspan="3"></td><td>邮政编码</td><td></td></tr>
<tr><td>扦样地点</td><td colspan="3"></td><td>扦样方式</td><td></td></tr>
<tr><td>封样人</td><td colspan="5"></td></tr>
<tr><td rowspan="3">受检单位</td><td>单位名称</td><td colspan="3"></td><td>联系人</td><td></td></tr>
<tr><td>通信地址</td><td colspan="3"></td><td>联系方式</td><td></td></tr>
<tr><td>许可或备案号</td><td colspan="3"></td><td>法人代表</td><td></td></tr>
<tr><td rowspan="3">生产经营者</td><td>名称</td><td colspan="3"></td><td>联系人</td><td></td></tr>
<tr><td>注册地址</td><td colspan="3"></td><td>电话/传真</td><td></td></tr>
<tr><td>许可证编号</td><td colspan="3">____(　　)农种许字(20　)第　　号</td><td>网络联系方式</td><td></td></tr>
<tr><td rowspan="7">种子批样品信息</td><td>作物种类</td><td></td><td>种子类别</td><td></td><td>品种名称</td><td></td></tr>
<tr><td>审定编号（登记、备案）</td><td></td><td>检测日期</td><td></td><td>质量保证期</td><td>____月</td></tr>
<tr><td>种子批号</td><td></td><td>包装规格</td><td></td><td>是否包衣</td><td>□是　□否</td></tr>
<tr><td>二维码</td><td colspan="3">□规范、完整　□不规范　□无</td><td>是否密闭</td><td>□是　□否</td></tr>
<tr><td>种子批重(kg)</td><td></td><td>样品重量(kg)</td><td></td><td>商标或标识</td><td></td></tr>
<tr><td rowspan="2">标注质量</td><td>净度(%)</td><td>发芽率(%)</td><td>纯度(%)</td><td>水分(%)</td><td>其他</td></tr>
<tr><td></td><td></td><td></td><td></td><td></td></tr>
<tr><td colspan="7">备注：</td></tr>
<tr><td colspan="4">我单位对上述记录无异议。
法人代表或授权签字人（签字）：

（受检单位公章）
20　年　月　日</td><td colspan="3">扦样人员（签字）：

（扦样机构公章）
20　年　月　日</td></tr>
</table>

说明：1. 本扦样单须逐项填写，无内容项划“/”；选择项在□打钩选定。

2. 扦样时，扦样人员不填写样品编号栏，由检验机构接样后填写。

的规定；供发芽试验的试样为 400 粒种子等，其样品最低重量见 GB/T 3543.2—1995 有关章节的规定。

包衣等种子试验样品不应少于表 2-8、表 2-9 所规定的丸粒数或种子数。如果样品较少，应在检验报告上注明实际数量。

(二) 机械分取法

试验样品的分取采用多次对分法从充分混合的送验样品中分取。分取重复样品时，须独立分取。先将送验样品一分为二，取其中一半进行数次对分，直到所需的试样或半试样的重量；然后将所有剩下的送验样品重新混匀再分取第二份试样或半试样。包衣种子分样时，要避免包衣材料的脱落。对于丸化和包膜种子，种子落下距离不能超过 250 mm(以横格式分样器较好)。对于种子带、种子毯则随机取下部分带或毯，其中所含的种子数要足够检测用。

(三) 徒手分取法

机械分样器不适宜于分样有稃壳的种子，用徒手分取却能获得满意的结果。有稃壳不易流动的种子如水稻种子就可使用此法。

1. 四分法　将样品倒在光滑的桌面或玻璃板上，用分样板将样品先纵向混合，再横向混合，重复混合 4～5 次，然后将种子摊平成正方形，用分样板划两条对角线，使样品分成 4 个三角形，再取两个对顶三角形内的样品继续按上述方法分取，直到两个三角形内的样品接近两份试验样品的重量为止。

2. 徒手减半分取法　《国际种子检验规程》规定的徒手减半分取法采用下列步骤。

第一步，将种子均匀地倒在一个光滑清洁的平面上。

第二步，用平边刮板将种子充分混匀形成一堆。

第三步，将整堆种子分成两半，每半再对分一次，这样得到 4 份。然后将其中每一份再减半共分成 8 份，排成两行，每行 4 份。

第四步，合并和保留交错部分，如第一行的第一和第三份与第二行的第二和第四份合并(图 2-7)。将余下的 4 份拿走。

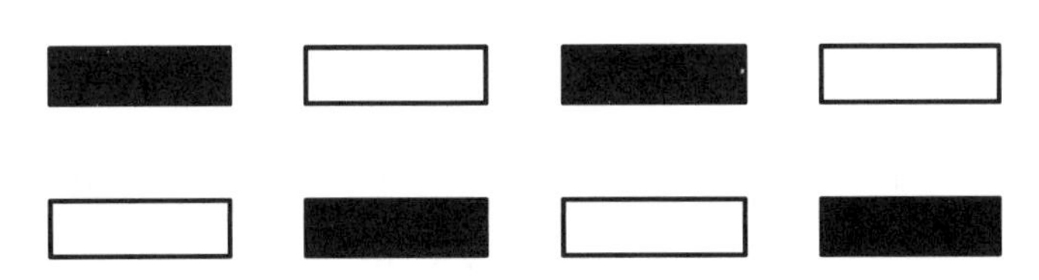

图 2-7　徒手减半分取法示意图(胡晋　关亚静，2022)

第五步，将第四步保留的部分，按第二、三、四步重复分样，直至分得所需的样品重量为止。GB/T 3543.2—1995 规定的四分法与上述方法有点差异，即采用对角线的两个对角三角形的样品合并。

分样方法中的一种、两种或多种可用于一个样品减少程序。

第四节　种子批异质性测定

一、异质性测定的目的和适用情况

种子批异质性(heterogeneity)测定的目的是衡量种子批的异质性，以表示所测定的项目用混合方法是否达到随机分布的程度。异质性是均匀度的反义词。种子批均匀度是指种子批内各成分的分布均匀一致的程度，即达到随机分布的程度。种子批异质性是指种子批内各种成分的分布极不均匀一致，未达到随机分布的程度，也就是种子未充分混合好。对于存在异质性的种子批，即使按检验规程取得送验样品，也不会有代表性。在实际工作中，如果种子批的异质性明显到扦样时能看出袋间或初次样品的差异时，则应拒绝扦样。

异质性测定比较烦琐，只在扦样时对种子批的均匀度产生怀疑时才进行。《国际种子检验规程》规定了 H 值和 R 值两种测定方法，GB/T 3543.2—1995 仅列入了 H 值测定方法。由于国际种子检验协会对 H 值测定方法已经进行了修订，修订后的 H 值测定方法加入了修约系数，更加科学，因此，下面所介绍的内容引自《国际种子检验规程》。

二、异质性测定程序

异质性测定是将从种子批中抽出规定数量的若干个样品所得的实际方差与随机分布的理论方差相比较，得出前者超过后者的差数。每一样品取自各个不同的容器，容器内的异质性不包括在内。

(一) 种子批扦样

扦样的独立容器样品数应不少于表 2－11 的规定。

扦样的容器应严格随机选择。从容器中取出的样品必须代表种子批的各部分，应从袋的顶部、中部和底部扦取种子。每一容器扦取的重量应不少于表 2－2 送验样品栏所规定的一半。

表 2－11　扦取容器数与临界 H 值(1%概率)

种子批的容器数(No)	扦取的独立容器样品数(N)	净度和发芽测定临界 H 值		其他种子数目测定临界 H 值	
		无稃壳种子	有稃壳种子	无稃壳种子	有稃壳种子
5	5	2.55	2.78	3.25	5.10
6	6	2.22	2.42	2.83	4.44
7	7	1.98	2.17	2.52	3.98
8	8	1.80	1.97	2.30	3.61
9	9	1.66	1.81	2.11	3.32
10	10	1.55	1.69	1.97	3.10
11～15	11	1.45	1.58	1.85	2.90
16～25	15	1.19	1.31	1.51	2.40
26～35	17	1.10	1.20	1.40	2.20
36～49	18	1.07	1.16	1.36	2.13
50 或以上	20	0.99	1.09	1.26	2.00

(二) 测定方法

异质性可用下列项目表示。

1. 净度分析任一成分的重量百分率　在净度分析时，如能把某种组分分离出来(如净种子、其他植物种子或禾本科的秕粒)，则可用该组分的重量百分率表示。试样的重量应估计其中含有 1 000 粒种子，将每个试验样品分成两部分，即分析对象部分和其余部分。

2. 种子粒数　能计数的组分可以用种子计数来表示，如某一植物种或所有其他植物种。每份试样的重量估计大约含有 10 000 粒种子，并计算其中所挑出的那种植物种子数。

3. 发芽试验任一记载项目的百分率　在标准发芽试验中，任何可测定的种子或幼苗都可采用，如正常幼苗、不正常幼苗或硬实等。从每一袋样中同时取 100 粒种子按《农作物种子检验规程》(GB/T 3543.4—1995)的条件(表 4－1)进行发芽试验。

(三) 计算 H 值

1. 净度与发芽

$$\overline{X}=\frac{\sum X}{N} \tag{2-1}$$

$$W=\frac{\overline{X}(100-\overline{X})}{n}f \tag{2-2}$$

$$V=\frac{N\sum X^2-(\sum X)^2}{N(N-1)} \tag{2-3}$$

$$H=\frac{V}{W}-f \tag{2-4}$$

式中，N 为扦取袋样的数目；n 为从每个容器样品中得到的测定种子粒数（如净度分析为 1 000 粒，发芽试验为 100 粒，其他植物种子数目为 10 000 粒）；X 为每个容器样品中净度分析任一成分的重量百分率或发芽率；$\overline{X}$ 为从该种子批测定的全部 X 值的平均值；W 为净度或发芽率的独立容器样品可接受方差；V 为从独立容器样品中求得的某检验项目的实际方差；f 为得到可接受方差的多重理论方差因子，见表 2-12；H 为异质性值。

表 2-12　用于计算 W 和 H 值的 f 值

特性	无稃壳种子	有稃壳种子
净度	1.1	1.2
其他种子数目	1.4	2.2
发芽率	1.1	1.2

如 N 小于 10，计算到小数点后 2 位；如 N 等于或大于 10，则计算到小数点后 3 位。

2. 指定的种子数

$$W=\overline{X}\cdot f \tag{2-5}$$

式中，$\overline{X}$ 为从该种子批测定的每个容器样品中挑出的该类种子数的平均值。V 和 H 的计算与式(2-3)、式(2-4)相同。

如果 N 小于 10，计算到小数点后 1 位；如 N 等于或大于 10，则计算到小数点后 2 位。

(四) 结果报告

表 2-11 表明当种子批的成分呈随机分布时，只有 1%概率的测定结果超过 H 值。

若求得的 H 值大于表 2-11 的临界 H 值时，则该种子批存在显著的异质性；若求得的 H 值小于或等于临界 H 值时，则该种子批无异质现象；若求得的 H 值为负值时，则填报为零。

异质性的测定结果应填报如下内容：$\overline{X}$、N、该种子批袋数、H 及一项说明“这个 H 值表明有(无)显著的异质性”。

如果超出下列限度，则不必计算或填报 H 值：①净度分析的任一成分高于 99.8%或低于 0.2%；②发芽率高于 99%或低于 1%；③指定某一植物种的种子数每个样品小于 2 粒。

第五节　样品保存和管理

样品的代表性、有效性和完整性将直接影响检验结果的准确性，因此必须对样品的接收、发放、流转、保存、处置及识别等各个环节实施有效的质量控制。

一、样品保存

送验样品送到检验室后，首先要进行验收，检查样品包装、封缄是否完整，重量是否符合规程规定的不同检测项目送验样品的最低重量等。验收合格后进行登记。要求尽量在收到样品后就立即进行检验。

样品保存包括检验前和检验后的保存。检验机构在收到样品后应及时将其放在样品库中保存，防止样品因不能及时检验而发生变化。委托检验后的剩余样品和监督抽查的备份样品应及时入库保存。样品应按检验类别、编号或不同作物分类存放，以便于查找。样品库应保证安全、无腐蚀、无虫蛀、清洁干燥和低温。样品库应设专人管理，定期监测样品库内的温度和相对湿度并做好记录。

样品贮藏室要保证样品在贮藏期间满足两方面的要求：一是尽可能减少其质量劣变，保持原始的发芽率；二是避免种子受害虫和啮齿动物为害。

二、样品管理

（一）样品的接收

当送验样品被送达检验机构时，样品管理人员应认真检查样品的状态，特别是样品的包装和封签是否完好，同时记录作物种类、品种名称、样品重量、批号、受检单位、送样时间等信息。接收委托检验样品时，要与委托方签订委托检验协议或由委托方填写委托检验申请书，除记录作物名称、品种名称、检验项目、检验依据外，还应记录样品重量、包装规格、样品的外观质量、种子批号、送样日期、取报告日期、联系方式、收费标准和委托方的有关建议与要求等信息。最后收样人和送样人在委托检验协议或委托检验申请书上签字。

（二）样品的领取、流转

检验机构收到检验样品后，由业务室或办公室下达检验任务书。检验员持检验任务书领取检验样品，并核对样品状况与检验任务委托书的内容是否相符，检验员领取样品后应在样品发放单上签字。

样品按检验流程流转，在进行多项检验时，检验员在样品交接时应检查样品状况并在检验样品流转单上签字。

（三）样品的处置

样品的保存时间根据不同检验项目而不同。一般而言，样品保存时间至少应持续到受检单位对检验结果的异议期以后。品种纯度检验的样品至少应保存到该作物的下一个播种季节。经济价值较高的特殊样品可根据委托人的要求，待委托检验项目结束后退给委托人。委托人领回样品时，应承诺“对本样品的检验报告无异议”之后方可办理并在样品登记表上注明“样品已领回”字样。保存期满后的样品，经过检验机构负责人批准后由样品管理员进行处理。

第三章 种子净度分析与其他植物种子数目测定

第一节　净度分析的目的和意义

一、净度分析的目的

种子净度(seed purity)是指种子的清洁干净程度,表明种子批或样品中净种子(pure seed)、其他植物种子(other seed)和杂质(inert matter)3 种成分的比例及特性。净度分析(purity analysis)的目的是通过测定供检种子样品中 3 种不同成分的重量百分率和种子样品混合物特性,了解种子批中可利用种子的真实重量,以及其他植物种子、杂质的种类和含量,为评价种子质量提供依据。

二、净度分析的意义

(1) 通过净度分析,将供检种子试样分为净种子、其他植物种子和杂质 3 种成分,并测定其重量百分率,据此可推断该样品所代表的种子批的组成情况,从而为计算种子利用价值即种子用价(种子用价=净度×发芽率)提供依据,以便准确地计算播种量。

(2) 通过对其他植物种子、杂质的种类和含量的分析,可以为种子加工与贮藏提供依据。例如,种子净度低则需要进行清选以提高净度;清选设备和方法的选用也是以杂质和(或)其他植物种子的特性作为依据。

(3) 通过测定其他植物种子的种类和数量可决定种子批的取舍并了解危害程度,避免有害、有毒、检疫性杂草危害农业生产安全。

第二节　净度分析的成分

一、净种子

净种子是指被检测样品中所指明的种(包括该种的全部植物学变种和栽培品种)符合国家或《国际种子检验规程》净种子定义要求的种子单位或构造。

下列构造凡能明确地鉴别出它们是属于所分析的种(已变成菌核、黑穗病孢子团或线虫瘿除外),即使是未成熟的、瘦小的、皱缩的、带病的或发过芽的种子单位都应作为净种子。

1. 完整的种子单位　种子单位(seed unit)即通常所见的传播单位,包括真种子、类似种子的果实、分果和小花等。在禾本科中,种子单位如是小花,必须带有一个明显含有胚乳的颖果或裸粒颖果(缺乏内外稃)。

2. 大于原来大小一半的破损种子单位　根据上述原则,在个别的属或种中有一些例外。

(1) 豆科、十字花科,其种皮完全脱落的种子单位列为杂质。

(2) 对于豆科,不管是否附有具胚芽胚根的胚中轴和(或)超过原来大小一半的种皮,其种子单位的分离子叶列为杂质。

(3) 复粒种子单位列为净种子。

(4) 对于燕麦属、高粱属,附着在可育小花上的不育小花不需除去而列为净种子。

(5) 对于大麦属,所具附着物(芒、小柄等)不需除去,归于净种子。

主要作物的净种子定义详见表 3－1。

表 3－1　主要作物的净种子定义

作物名称	净种子标准(定义)
大麻属(*Cannabis*)、茼蒿属(*Chrysanthemum*)、菠菜属(*Spinacia*)	瘦果,但明显没有种子的除外 超过原来大小一半的破损瘦果,但明显没有种子的除外 果皮/种皮部分或全部脱落的种子 超过原来大小一半,果皮/种皮部分或全部脱落的破损种子
荞麦属(*Fagopyrum*)、大黄属(*Rheum*)	有或无种被的瘦果,但明显没有种子的除外 超过原来大小一半的破损瘦果,但明显没有种子的除外 果皮/种皮部分或全部脱落的种子 超过原来大小一半,果皮/种皮部分或全部脱落的破损种子

续　表

作物名称	净种子标准(定义)
红花属(*Carthamus*)、向日葵属(*Helianthus*)、莴苣属(*Lactuca*)、雅葱属(*Scorzonera*)、婆罗门参属(*Tragopogon*)	有或无喙的瘦果,但明显没有种子的除外 超过原来大小一半的破损瘦果,但明显没有种子的除外 果皮/种皮部分或全部脱落的种子 超过原来大小一半,果皮/种皮部分或全部脱落的破损种子
葱属(*Allium*)、苋属(*Amaranthus*)、落花生属(*Arachis*)、天门冬属(*Asparagus*)、黄芪属(紫云英属)(*Astragalus*)、冬瓜属(*Benincasa*)、芸薹属(*Brassica*)、木豆属(*Cajanus*)、刀豆属(*Canavalia*)、辣椒属(*Capsicum*)、西瓜属(*Citrullus*)、黄麻属(*Corchorus*)、猪屎豆属(*Crotalaria*)、甜瓜属(*Cucumis*)、南瓜属(*Cucurbita*)、扁豆属(*Dolichos*)、大豆属(*Glycine*)、木槿属(*Hibiscus*)、甘薯属(*Ipomoea*)、葫芦属(*Lagenaria*)、亚麻属(*Linum*)、丝瓜属(*Luffa*)、番茄属(*Lycopersicon*)、苜蓿属(*Medicago*)、草木樨属(*Melilotus*)、苦瓜属(*Momordica*)、豆瓣菜属(*Nasturtium*)、烟草属(*Nicotiana*)、菜豆属(*Phaseolus*)、酸浆属(*Physalis*)、豌豆属(*Pisum*)、马齿苋属(*Portulaca*)、萝卜属(*Raphanus*)、芝麻属(*Sesamum*)、田菁属(*Sesbania*)、茄属(*Solanum*)、野豌豆属(*Vicia*)、豇豆属(*Vigna*)	有或无种皮的种子 超过原来大小一半,有或无种皮的破损种子 豆科、十字花科,其种皮完全脱落的种子单位应列为杂质 豆科不管是否附有具胚芽胚根的胚中轴和(或)超过原来大小一半的种皮,其种子单位的分离子叶列为杂质
棉属(*Gossypium*)	有或无种皮、有或无绒毛的种子 超过原来大小一半、有或无种皮的破损种子
蓖麻属(*Ricinus*)	有或无种皮、有或无种阜的种子 超过原来大小一半、有或无种皮的破损种子
芹属(*Apium*)、芫荽属(*Coriandrum*)、胡萝卜属(*Daucus*)、茴香属(*Foeniculum*)、欧防风属(*Pastinaca*)、欧芹属(*Petroselinum*)、茴芹属(*Pimpinella*)	有或无花梗的分果/分果爿,但明显没有种子的除外 超过原来大小一半的破损分果爿,但明显没有种子的除外 果皮部分或全部脱落的种子 超过原来大小一半,果皮部分或全部脱落的破损种子
大麦属(*Hordeum*)	有内外稃包着颖果的小花,当芒长超过小花长度时,须将芒除去 超过原来大小一半,含有颖果的破损小花 颖果 超过原来大小一半的破损颖果

续 表

作物名称	净种子标准(定义)
黍属(*Panicum*)、狗尾草属(*Setaria*)	有颖片、内外稃包着颖果的小穗,并附有不孕外稃 有内外稃包着颖果的小花 颖果 超过原来大小一半的破损颖果
稻属(*Oryza*)	有颖片、内外稃包着颖果的小穗,当芒长超过小花长度时,须将芒除去 有或无不孕外稃,有内外稃包着颖果的小花,当芒长超过小花长度时,须将芒除去 有内外稃包着颖果的小花,当芒长超过小花长度时,须将芒除去 颖果 超过原来大小一半的破损颖果
黑麦属(*Secale*)、小麦属(*Triticum*)、小黑麦属(*Triticosecale*)、玉蜀黍属(*Zea*)	颖果 超过原来大小一半的破损颖果
燕麦属(*Avena*)	有内外稃包着颖果的小穗,有或无芒,可附有不育小花 有内外稃包着颖果的小花,有或无芒 颖果 超过原来大小一半的破损颖果 (注:①由两个可育小花构成的小穗,要把它们分开;②当外部不育小花的外稃部分地包着内部可育小花时,这样的单位不必分开;③从着生点除去小柄;④把仅含有子房的单个小花列为杂质)
高粱属(*Sorghum*)	有由颖片、透明状的外稃或内稃(内外稃也可缺乏)包着颖果的小穗,有穗轴节片、花梗、芒,附有不育或可育小花 有内外稃的小花,有或无芒 颖果 超过原来大小一半的破损颖果
甜菜属(*Beta*)	复胚种子:用筛孔为 1.5 mm×20 mm 的 200 mm×300 mm 长方形筛子筛理 1 min 后留在筛上的种球或破损种球(包括从种球突出程度不超过种球宽度的附着断柄),不管其中有无种子 遗传单胚:种球或破损种球(包括从种球突出程度不超过种球宽度的附着断柄),但明显没有种子的除外 果皮/种皮部分或全部脱落的种子 超过原来大小一半,果皮/种皮部分或全部脱落的破损种子 (注:当断柄突出长度超过种球的宽度时,须将整个断柄除去)

续　表

作物名称	净种子标准(定义)
薏苡属(*Coix*)	包在珠状小总苞中的小穗(一个可育,两个不育) 颖果 超过原来大小一半的破损颖果 (注:可育小穗由颖片、内外稃包着的颖果,附着的不孕外稃所组成)
罗勒属(*Ocimum*)	小坚果,但明显无种子的除外 超过原来大小一半的破损小坚果,但明显无种子的除外 果皮/种皮部分或完全脱落的种子 超过原来大小一半,果皮/种皮部分或完全脱落的破损种子
番杏属(*Tetragonia*)	包有花被的类似坚果的果实,但明显无种子的除外 超过原来大小一半的破损果实,但明显无种子的除外 果皮/种皮部分或完全脱落的种子 超过原来大小一半,果皮/种皮部分或完全脱落的破损种子

二、其他植物种子

其他植物种子是指除净种子以外的任何植物种类的种子单位,包括异作物种子和杂草种子。其他植物种子的鉴定原则与净种子的鉴定原则基本相同,但有以下例外。

(1) 甜菜属的种子单位作为其他种子时不必筛选,可用遗传单胚的净种子定义。

(2) 对于有 2 粒以上种子的裂果类,一个裂果类中包含的单粒种子(分果类)应单独计数。

(3) 对于复粒种子单位、荚果或蒴果,应打开取出种子归于其他植物种子,将其他非种子材料归于杂质。

三、杂质

杂质是指除净种子和其他植物种子外的种子单位和所有其他物质及构造,包括以下几类。

(1) 明显不含真种子的种子单位。

(2) 分果和分果爿。

(3) 小于或等于种子原始大小一半的破裂或受损种子单位碎片。

(4) 按该种的净种子定义，不将这些附属物作为净种子部分或定义中尚未提及的附属物。

(5) 种皮完全脱落的豆科、十字花科的种子。

(6) 脆而易碎，呈灰白色、乳白色的菟丝子种子。

(7) 脱落的不育小花、空的颖片、内外稃、稃壳、茎、叶、球果鳞片、果翅、树皮碎片、花、线虫瘿、真菌体（如麦角、菌核、黑穗病孢子团）、泥土、砂粒、石砾及所有其他非种子物质。

(8) 除燕麦属、高粱属外，附在可育小花上的不育小花。

第三节　净度分析程序

一、重型混杂物检查

凡颗粒大小或重量明显大于供检种子的混杂物称为重型混杂物，如土块、石块或小粒种子中混有的大粒种子等。净度分析中，要求预先对重型混杂物进行检测。这是由于在送验样品中，如果混有重型混杂物，因为重型混杂物个数少，分样易不匀，严重影响种子净度分析结果。因此，送验样品中如有重型混杂物，要先挑出并称重，再将重型混杂物分为其他植物种子和杂质，分别称重，记录在表 3－2 内。

表 3－2　净度分析结果记载表

重型混杂物检查：M(送验样品)=　g，m(重型混杂物)=　g；m_1(其他植物种子)=　g，m_2(杂质)=　g							
		净种子	其他植物种子	杂质	重量合计	样品原重	重量差值百分率
第 1 份(半)试样	重量(g)						
	百分率(%)						
第 2 份(半)试样	重量(g)						
	百分率(%)						
百分率样间差值							
平均百分率							

二、试验样品的分取和称重

1. 试验样品的重量　净度分析时试验样品重量太小会缺乏代表性，太大则分析费时。试验样品应估计至少含有 2 500 个种子单位的重量或不少于国家标准（GB/T 3543.2—

1995)规定的重量(表 2-2)。

2. 试验样品的分取　净度分析可从送验样品中,采用分样器、分样板或徒手分取规定重量的 1 份试样,或 2 份半试样(试样重量的至少一半)进行净度分析。重复样品需独立取得。第 1 份试样或半试样分取后,将所有剩下的送验样品重新混匀再分取第 2 份试样或半试样。

3. 试验样品的称重　分出的试验样品需称重,以克表示,精确至表 3-3 所规定的小数位数,以满足计算各种成分百分率达到 1 位小数的要求。

表 3-3　称重与小数位数

试样或半试样及其成分重量(g)	称重至下列小数位数
1.0000 以下	4
1.000～9.999	3
10.00～99.99	2
100.0～999.9	1
1000 或 1000 以上	0

资料来源:GB/T 3543.3—1995。

三、试验样品的分离和鉴定

试验样品称重后,通常采用人工分析进行分离和鉴定。试样在分离和鉴定过程中可以借助一些器具。

1. 试验样品的分离　为了更好地将净种子与其他成分分开,借助筛子筛理是必要的。一般选用筛孔适宜的 2 层筛子。上层为大孔筛,筛孔大于分析的种子,用于分离较大成分;下层筛为小孔筛,筛孔小于分析的种子,用于分离细小物质。筛理时在小孔筛下面套一筛底,上套大孔筛,将试样倒入其中,再加筛盖。最好置于电动筛选机上筛动 2 min。落入筛底的有泥土、砂粒、碎屑及细小的其他植物种子等;留在上层筛内的有茎、叶、稃壳及较大的其他植物种子等;大部分试样则留在小孔筛上,它包括净种子和大小类似的其他成分。对于甜菜属(单胚品种除外),规定用具 1.5 mm×20 mm 筛孔、大小为 200 mm×300 mm 的长方形筛子筛理 1 min,留在筛上的种球归为净种子,通过筛孔的则属杂质。

2. 分离样品的分析和鉴定

(1) 筛理后,对各层筛上物分别进行分析。分析工作通常在有玻璃面的净度分析桌或桥式净度分析台上进行。最好配有放大镜,以便检查空壳及黑麦草等属的颖果长度。

(2) 分析时将样品倒在分析桌(或台)上,利用镊子或小刮板按顺序逐粒观察鉴定。将净种子、其他植物种子、杂质分开，并分别放入相应的容器或小盘内。

(3) 当分析瘦果、分果、分果爿等果实和种子时(禾本科除外)，只从表面加以检查。可采用压力、放大，并经透视仪或其他特殊仪器观察。经过检查发现其中明显无种子的，则把它列入杂质。

(4) 净种子定义中所提及的种子单位，如没有损伤到种皮或果皮，不管其饱满度或充实度是多少均作为净种子(或其他植物种子)。如种皮或果皮有一裂口时，必须判断留下部分是否超过原来大小的一半。超过一半者可归为净种子(或其他植物种子)；如不能迅速作出这种判断，则将其列为净种子(或其他植物种子)，没有必要将每粒种子翻过来观察其下面是否有洞或其他损伤。

草地早熟禾与鸭茅必须采用均匀吹风法进行分析。试样经吹风3 min后，分别鉴定其轻的部分和重的部分。复粒种子单位按照净种子定义作为整体处理，并须报告；对于芸薹属，当不同种之间区别困难或不可能区别时，可在检验报告上仅填报属名，该属的全部种子均为净种子，并附加说明。

四、结果计算和数据处理

1. 称重计算 试样分析结束后，将每份试样(或半试样)的净种子、其他植物种子和杂质分别称重，并记录在表3-2内。称量的精确度与试样称重时相同，然后进行计算分析。

(1) 核查分析过程的重量增失。不管是1份试样还是2份半试样，应将分离后的各种成分重量之和与原始重量进行比较，核对分析期间物质有无增失。若增加或减少的重量超过原始重量的5%，则必须重做。

(2) 计算各成分的重量百分率。各成分百分率的计算应以分析后各种成分的重量之和为分母，而不用试样原来的重量。若分析的是全试样，各成分重量百分率应计算到1位小数。若分析的是半试样，各成分的重量百分率应计算到2位小数。

2. 检查容许误差

(1) 半试样。如果分析的是2份半试样，分析后任一成分的百分率相差不得超过表3-4所示的不同测定之间半试样的容许差距。若所有成分的实际差距都在容许范围内，则计算各成分的平均值。如差距超过容许范围，则按下列程序进行：①再重新分析成对样品，直到一对数值在容许范围内为止，但全部分析不必超过4对；②凡一对间的相差超过容许差距2倍时，均略去不计；③各种成分百分率的最后记录应用全部保留的几对加权平均数计算。

表 3-4　同一实验室内同一送验样品净度分析的容许差距(5%显著水平的两尾测定)

2次分析结果平均		不同测定之间的容许差距(%)			
50%以上	50%以下	半试样		试样	
		无稃壳种子	有稃壳种子	无稃壳种子	有稃壳种子
99.95～100.00	0.00～0.04	0.20	0.23	0.1	0.2
99.90～99.94	0.05～0.09	0.33	0.34	0.2	0.2
99.85～99.89	0.10～0.14	0.40	0.42	0.3	0.3
99.80～99.84	0.15～0.19	0.47	0.49	0.3	0.4
99.75～99.79	0.20～0.24	0.51	0.55	0.4	0.4
99.70～99.74	0.25～0.29	0.55	0.59	0.4	0.4
99.65～99.69	0.30～0.34	0.61	0.65	0.4	0.5
99.60～99.64	0.35～0.39	0.65	0.69	0.5	0.5
99.55～99.59	0.40～0.44	0.68	0.74	0.5	0.5
99.50～99.54	0.45～0.49	0.72	0.76	0.5	0.5
99.40～99.49	0.50～0.59	0.76	0.80	0.5	0.6
99.30～99.39	0.60～0.69	0.83	0.89	0.6	0.6
99.20～99.29	0.70～0.79	0.89	0.95	0.6	0.7
99.10～99.19	0.80～0.89	0.95	1.00	0.7	0.7
99.00～99.09	0.90～0.99	1.00	1.06	0.7	0.8
98.75～98.99	1.00～1.24	1.07	1.15	0.8	0.8
98.50～98.74	1.25～1.49	1.19	1.26	0.8	0.9
98.25～98.49	1.50～1.74	1.29	1.37	0.9	1.0
98.00～98.24	1.75～1.99	1.37	1.47	1.0	1.0
97.75～97.99	2.00～2.24	1.44	1.54	1.0	1.1
97.50～97.74	2.25～2.49	1.53	1.63	1.1	1.2
97.25～97.49	2.50～2.74	1.60	1.70	1.1	1.2
97.00～97.24	2.75～2.99	1.67	1.78	1.2	1.3
96.50～96.99	3.00～3.49	1.77	1.88	1.3	1.3
96.00～96.49	3.50～3.99	1.88	1.99	1.3	1.4
95.50～95.99	4.00～4.49	1.99	2.12	1.4	1.5
95.00～95.49	4.50～4.99	2.09	2.22	1.5	1.6
94.00～94.99	5.00～5.99	2.25	2.38	1.6	1.7
93.00～93.99	6.00～6.99	2.43	2.56	1.7	1.8
92.00～92.99	7.00～7.99	2.59	2.73	1.8	1.9
91.00～91.99	8.00～8.99	2.74	2.90	1.9	2.1
90.00～90.99	9.00～9.99	2.88	3.04	2.0	2.2
88.00～89.99	10.00～11.99	3.08	3.25	2.2	2.3
86.00～87.99	12.00～13.99	3.31	3.49	2.3	2.5

续 表

2次分析结果平均		不同测定之间的容许差距(%)			
50%以上	50%以下	半试样		试样	
		无稃壳种子	有稃壳种子	无稃壳种子	有稃壳种子
84.00～85.99	14.00～15.99	3.52	3.71	2.5	2.6
82.00～83.99	16.00～17.99	3.69	3.90	2.6	2.8
80.00～81.99	18.00～19.99	3.86	4.07	2.7	2.9
78.00～79.99	20.00～21.99	4.00	4.23	2.8	3.0
76.00～77.99	22.00～23.99	4.14	4.37	2.9	3.1
74.00～75.99	24.00～25.99	4.26	4.50	3.0	3.2
72.00～73.99	26.00～27.99	4.37	4.61	3.1	3.3
70.00～71.99	28.00～29.99	4.47	4.71	3.2	3.3
65.00～69.99	30.00～34.99	4.61	4.86	3.3	3.4
60.00～64.99	35.00～39.99	4.77	5.02	3.4	3.6
50.00～59.99	40.00～49.99	4.89	5.16	3.5	3.7

资料来源：GB/T 3543.3—1995。

(2) 试样。如果在某种情况下有必要分析第2份试样时，那么2份试样各成分的实际差距不得超过表3-4中所示的不同测定之间试样的容许差距。若所有成分都在容许范围内，则取其平均值；若超过，则再分析一份试样；若分析后的最高值和最低值差异没有大于容许误差2倍时，则填报三者的平均值。如果其中的一次或几次明显是由差错造成的，那么该结果必须去除。

3. 数字修约 各种成分的最后填报结果应保留1位小数。各种成分之和应为100.0%，如果其和是99.9%或100.1%，那么从最大值(通常是净种子部分)增减0.1%。如果修约值大于0.1%，那么应检查计算有无差错。小于0.05%的微量成分在计算时应去除。

4. 有重型混杂物的结果换算 送验样品有重型混杂物时，最后的净度分析结果应按式(3-1)～式(3-3)进行换算。

净种子：

$$P_2(\%)=P_1\times\frac{M-m}{M} \tag{3-1}$$

其他植物种子：

$$OS_2(\%)=OS_1\times\frac{M-m}{M}+\frac{m_1}{M}\times 100 \tag{3-2}$$

杂质：

$$I_2(\%)=I_1\times\frac{M-m}{M}+\frac{m_2}{M}\times 100 \qquad (3-3)$$

式中，M 为送验样品的重量(g)；m 为重型混杂物的重量(g)；m_1 为重型混杂物中的其他植物种子重量(g)；m_2 为重型混杂物中的杂质重量(g)；P_1 为除去重型混杂物后的净种子重量百分率(%)；I_1 为除去重型混杂物后的杂质重量百分率(%)；OS_1 为除去重型混杂物后的其他植物种子重量百分率(%)。

最后应检查：$P_2+I_2+OS_2=100.0\%$。

5. 净度分析实例

【例3-1】对某批水稻种子送验样品 402.0g 进行净度分析，测得重型混杂物其他植物种子玉米 0.5000g，重型混杂物石块 0.5000g。从送验样品分取 2 份半试样，第 1 份半试样为 20.15g，测得净种子 19.53g，其他植物种子 0.2118g，杂质 0.4082g；第 2 份半试样为 20.12g，测得净种子 19.51g，其他植物种子 0.2108g，杂质 0.4101g。求该批水稻种子的净度及其他各成分的百分率。

先求净种子(P_1)、其他植物种子(OS_1)、杂质的百分率(I_1)，将结果列于表 3-5。

表3-5　净度分析计算实例

指标		净种子	其他植物种子	杂质	重量合计	样品原重	样品增失
第1份半试样	重量(g)	19.53	0.2118	0.4082	20.15	20.15	0
	百分率(%)	96.92	1.05	2.03			0
第2份半试样	重量(g)	19.51	0.2108	0.4101	20.13	20.12	0.01
	百分率(%)	96.92	1.04	2.04			0.049
平均百分率(%)		96.92	1.05	2.04			
百分率样品间差值		0	0	0.01			
查容许误差		1.88	1.15	1.54			

表 3-5 中的第 1 份和第 2 份半试样原重与分析后 3 种成分之和相比增失百分率均在 5%以内；第 1 份和第 2 份半试样各成分重量百分率差值也在容许误差范围内(表 3-4)。因此得出 $P_1=96.92\%$，$OS_1=1.05\%$，$I_1=2.04\%$。根据已知条件 $M=402.0$g，$m_1=0.5$g，$m_2=0.5$g，求出 P_2、OS_2、I_2。

$$P_2(\%)=P_1\times\frac{M-m}{M}=96.92\times\frac{402.0-1.0}{402.0}=96.7(\%)$$

$$OS_2(\%) = OS_1 \times \frac{M-m}{M} + \frac{m_1}{M} \times 100 = 1.05 \times \frac{402.0-1.0}{402.0} + \frac{0.5}{402.0} \times 100 = 1.2(\%)$$

$$I_2(\%) = I_1 \times \frac{M-m}{M} + \frac{m_2}{M} \times 100 = 2.04 \times \frac{402.0-1.0}{402.0} + \frac{0.5}{402.0} \times 100 = 2.2(\%)$$

以上 3 种成分相加值等于 100.1%，最后修约净种子＝96.7%－0.1%＝96.6%。即该样品净度分析的最终结果为：净种子 96.6%，其他植物种子 1.2%，杂质 2.2%，3 种成分的百分率总和为 100%。

【例 3－2】由 2 个不同检验员在同一检验室分别对 2 份水稻试验样品进行核对检查，其检测结果为：第 1 份净种子重量百分率为 98.6%，第 2 份为 94.9%。

先计算这 2 份试样结果的平均值：(98.6%＋94.9%)/2＝96.75%。用 96.75%查表 3－6(GB/T 3543.3—1995 中表 4)，查得容许误差为 1.80%。2 份试样间的差异为：98.6%－94.9%＝3.7%，超过了 1.80%的容许误差。

需再分析第 2 对试样，其净度分析结果为：第 3 份净种子重量百分率为 98.7%，第 4 份为 97.1%。先计算这 2 份试样结果的平均值：(98.7%＋97.1%)/2＝97.9%。用 97.9%查表 3－6，查得容许误差为 1.47%。而 2 份试样间的差异为 98.7%－97.1%＝1.6%，超过了 1.47%的容许误差。

这样还需分析第 3 对试样，其净度分析结果为：第 5 份净种子重量百分率为 98.4%，第 6 份为 98.9%。这 2 份试样结果的平均值：(98.4%＋98.9%)/2＝98.65%。用 98.65%查表 3－6，查得容许误差为 1.21%。而 2 份试样间的差异为 98.9%－98.4%＝0.5%，未超过 1.2%的容许误差。

表 3－6　同一或不同实验室内进行第 2 次检验时，2 个不同送验样品间净度分析的容许差距（1%显著水平的两尾测定）

2 次结果平均		容许差距(%)	
50%以上	50%以下	无稃壳种子	有稃壳种子
99.95～100.00	0.00～0.04	0.18	0.21
99.90～99.94	0.05～0.09	0.28	0.32
99.85～99.89	0.10～0.14	0.34	0.40
99.80～99.84	0.15～0.19	0.40	0.47
99.75～99.79	0.20～0.24	0.44	0.53
99.70～99.74	0.25～0.29	0.49	0.57
99.65～99.69	0.30～0.34	0.53	0.62
99.60～99.64	0.35～0.39	0.57	0.66

续　表

2次结果平均		容许差距(%)	
50%以上	50%以下	无稃壳种子	有稃壳种子
99.55～99.59	0.40～0.44	0.60	0.70
99.50～99.54	0.45～0.49	0.63	0.73
99.40～99.49	0.50～0.59	0.68	0.79
99.30～99.39	0.60～0.69	0.73	0.85
99.20～99.29	0.70～0.79	0.78	0.91
99.10～99.19	0.80～0.89	0.83	0.96
99.00～99.09	0.90～0.99	0.87	1.01
98.75～98.99	1.00～1.24	0.94	1.10
98.50～98.74	1.25～1.49	1.04	1.21
98.25～98.49	1.50～1.74	1.12	1.31
98.00～98.24	1.75～1.99	1.20	1.40
97.75～97.99	2.00～2.24	1.26	1.47
97.50～97.74	2.25～2.49	1.33	1.55
97.25～97.49	2.50～2.74	1.39	1.63
97.00～97.24	2.75～2.99	1.46	1.70
96.50～96.99	3.00～3.49	1.54	1.80
96.00～96.49	3.50～3.99	1.64	1.92
95.50～95.99	4.00～4.49	1.74	2.04
95.00～95.49	4.50～4.99	1.83	2.15
94.00～94.99	5.00～5.99	1.95	2.29
93.00～93.99	6.00～6.99	2.10	2.46
92.00～92.99	7.00～7.99	2.23	2.62
91.00～91.99	8.00～8.99	2.36	2.76
90.00～90.99	9.00～9.99	2.48	2.92
88.00～89.99	10.00～11.99	2.65	3.11
86.00～87.99	12.00～13.99	2.85	3.35
84.00～85.99	14.00～15.99	3.02	3.55
82.00～83.99	16.00～17.99	3.18	3.74
80.00～81.99	18.00～19.99	3.32	3.90
78.00～79.99	20.00～21.99	2.45	4.05
76.00～77.99	22.00～23.99	3.56	4.19
74.00～75.99	24.00～25.99	3.67	4.31
72.00～73.99	26.00～27.99	3.76	4.42
70.00～71.99	28.00～29.99	3.84	4.51
65.00～69.99	30.00～34.99	3.97	4.66
60.00～64.99	35.00～39.99	4.10	4.82
50.00～59.99	40.00～49.99	4.21	4.95

最后的填报结果还得判别这三者有无可比性。

第1对的2份试样间的差异为3.7%，而2倍的容许误差为3.6%，仍然超过，应去掉这一对；第2对的2份试样间的差异为1.6%，而2倍的容许误差为2.9%，差异没有超过容许误差，应保留；第3对的2份试样间的差异为0.5%，而2倍的容许差异为2.4%，应保留。这样最后的填报结果将是第2对和第3对的加权平均值。

五、结果报告

净度分析的结果应保留1位小数，3种成分的百分率总和必须为100%。小于0.05%的成分填报为“微量”，如果有一种成分的结果为零，需填“— 0.0 —”。净度分析的结果填入表3-7所示的净度分析结果报告单内。

表3-7 净度分析结果报告单

样品编号：

作物名称：	学名：		
成分	净种子	其他植物种子	杂质
百分率/%			
其他植物种子名称及数目或每千克含量(注明学名)			
备注			

当测定某一类杂质或某一种其他植物种子的重量百分率达到或超过1.0%时，该种类应在结果报告单上注明。

当需要判断一个测定值是否显著低于标准规定值时，查表3-8。查表时，先根据2个测定结果计算出平均数，再按平均数从表中找出相应的容许差距。但在比较时，2个样品的重量需大致相当。

表3-8 净度分析与标准规定值比较的容许差距(5%显著水平的一尾测定)

2次结果平均		容许差距(%)	
50%以上	50%以下	无稃壳种子	有稃壳种子
99.95～100.00	0.00～0.04	0.10	0.11
99.90～99.94	0.05～0.09	0.14	0.16
99.85～99.89	0.10～0.14	0.18	0.21
99.80～99.84	0.15～0.19	0.21	0.24

续　表

2次结果平均		容许差距(%)	
50%以上	50%以下	无稃壳种子	有稃壳种子
99.75～99.79	0.20～0.24	0.23	0.27
99.70～99.74	0.25～0.29	0.25	0.30
99.65～99.69	0.30～0.34	0.27	0.32
99.60～99.64	0.35～0.39	0.29	0.34
99.55～99.59	0.40～0.44	0.30	0.35
99.50～99.54	0.45～0.49	0.32	0.38
99.40～99.49	0.50～0.59	0.34	0.41
99.30～99.39	0.60～0.69	0.37	0.44
99.20～99.29	0.70～0.79	0.40	0.47
99.10～99.19	0.80～0.89	0.42	0.50
99.00～99.09	0.90～0.99	0.44	0.52
98.75～98.99	1.00～1.24	0.48	0.57
98.50～98.74	1.25～1.49	0.52	0.62
98.25～98.49	1.50～1.74	0.57	0.67
98.00～98.24	1.75～1.99	0.61	0.72
97.75～97.99	2.00～2.24	0.63	0.75
97.50～97.74	2.25～2.49	0.67	0.79
97.25～97.49	2.50～2.74	0.70	0.83
97.00～97.24	2.75～2.99	0.73	0.86
96.50～96.99	3.00～3.49	0.77	0.91
96.00～94.49	3.50～3.99	0.82	0.97
95.50～95.99	4.00～4.49	0.87	1.02
95.00～95.49	4.50～4.99	0.90	1.07
94.00～94.99	5.00～5.99	0.97	1.15
93.00～93.99	6.00～6.99	1.05	1.23
92.00～92.99	7.00～7.99	1.12	1.31
91.00～91.99	8.00～8.99	1.18	1.39
90.00～90.99	9.00～9.99	1.24	1.46
88.00～89.99	10.00～11.99	1.33	1.56
86.00～87.99	12.00～13.99	1.43	1.67
84.00～85.99	14.00～15.99	1.51	1.78
82.00～83.99	16.00～17.99	1.59	1.87
80.00～81.99	18.00～19.00	1.66	1.95
78.00～79.99	20.00～21.99	1.73	2.03
76.00～77.99	22.00～23.99	1.78	2.10
74.00～75.99	24.00～25.99	1.83	2.16
72.00～73.99	26.00～27.99	1.84	2.21
70.00～71.99	28.00～29.99	1.92	2.26
65.00～69.99	30.00～34.99	1.99	2.33
60.00～64.99	35.00～39.99	2.05	2.41
50.00～59.99	40.00～49.99	2.11	2.48

资料来源：GB/T 3543.3—1995。

在净度分析过程中，要注意有稃壳种子的构造和种类。有稃壳的种子是由下列构造或成分组成的传播单位。

（1）易于相互黏连或黏在其他物体上（如包装袋、扦样器和分样器）。

（2）可被其他植物种子黏连，反过来也可黏连其他植物种子。

（3）不易被清选、混合或扦样。

如果稃壳构造（包括稃壳杂质）占一个样品的 1/3 或更多，则认为是有稃壳的种子。根据《农作物种子检验规程》（GB/T 3543.3—1995），有稃壳种子的种类包括芹属、落花生属、燕麦属、甜菜属、茼蒿属、薏苡属、胡萝卜属、荞麦属、茴香属、棉属、大麦属、莴苣属、番茄属、稻属、黍属、欧防风属、欧芹属、茴芹属、大黄属、鸦葱属、狗尾草属、高粱属、菠菜属。

对于混合种子，应先将每一类种子分开，再分别进行净度分析，方法与普通净度分析相同。

六、核查

为了保证净度分析的数据准确可靠，在负责净度分析的检验员完成净度分析后，建议由另一位检验员进行核查。净度分析的核查主要包括以下内容。

（1）送验样品和试样大小是否符合要求。

（2）各成分的称重、计算和百分率是否规范。

（3）其他植物种子的鉴别和学名拼写是否正确。

（4）是否根据送验客户、法规和标准等要求采取适宜的措施。

第四节　其他植物种子数目测定

一、测定方法

其他植物种子数目的测定可采用以下不同的测定方法。

1. 完全检验（complete test）　从整个试验样品中检出所有其他种子的测定方法。完全检验的试验样品不得小于 25 000 个种子单位的重量或《农作物种子检验规程　扦样》所规定的重量（表 2-2）。

完全检验可借助放大镜、筛子和吹风机等器具，按其他植物种子的规定标准逐粒进行分析鉴定，取出试样中所有的其他植物种子，并数出每个种的种子数。

2. 有限检验（limited test）　从整个试验样品中检出所指定种种子的测定方法。有限检验的检验方法同完全检验。若只要求检验是否存在指定的某个植物种，则检验时发现一粒或数粒种子即可结束。

3. 简化检验（reduced test）　从试验样品规定重量的部分样品（最少量为试样的 1/5）中检出所有其他种子的测定方法。如果送验者所指定的种难以鉴定时，可采用简化检验。简化检验的检验方法同完全检验。

二、结果计算

结果用实际测定样品中所发现的其他植物种子数或指定种（属）的种子数表示，但通常折算成单位重量样品（每千克）所含的其他植物种子（或指定种）的种子数。同一样品若进行了 2 次或多次试验，结果用测定样品总重量中发现的其他植物种子总数表示。

$$其他植物种子含量(粒/kg) = [其他植物种子数 / 试验样品重量(g)] \times 1\,000 \quad (3-4)$$

当需要判断同一或不同实验室对同一批种子的 2 个测定值是否一致时，可查其他植物种子数目测定的容许差距表（表 3-9）。先根据 2 个测定值计算出平均数，再按平均数从表中找到相应的容许差距。进行比较时，2 个样品的重量应大体一致。

表 3-9　其他植物种子数目测定的容许差距(5%显著水平的两尾测定)

2 次测定结果的平均值	容许差距(%)	2 次测定结果的平均值	容许差距(%)
3	5	38～42	18
4	6	43～47	19
5～6	7	48～52	20
7～8	8	53～57	21
9～10	9	58～63	22
11～13	10	64～69	23
14～15	11	70～75	24
16～18	12	76～81	25
19～22	13	82～88	26
23～25	14	89～95	27
26～29	15	96～102	28
30～33	16	103～110	29
34～37	17	111～117	30

续 表

2次测定结果的平均值	容许差距(%)	2次测定结果的平均值	容许差距(%)
118～125	31	289～300	48
126～133	32	301～313	49
134～142	33	314～326	50
143～151	34	327～339	51
152～160	35	340～353	52
161～169	36	354～366	53
170～178	37	367～380	54
179～188	38	381～394	55
189～198	39	395～409	56
199～209	40	410～424	57
210～219	41	425～439	58
220～230	42	440～454	59
231～241	43	455～469	60
242～252	44	470～485	61
253～264	45	486～501	62
265～276	46	502～518	63
277～288	47	519～534	64

资料来源:GB/T 3543.3—1995。

三、结果报告

进行其他植物种子数目测定时,将测定种子的实际重量、学名和该重量中找到的各个种的种子数记录在表3-10内,并注明采用的检测方法。

表3-10 其他植物种子数测定记载表

其他植物种子测定试样重量/g	其他植物种子种类和数目							
	名称	粒数	名称	粒数	名称	粒数	名称	粒数
净度(半)试样Ⅰ中								
净度(半)试样Ⅱ中								
剩余部分中								
合计								
或折成每千克粒数								

第五节　包衣种子的净度分析和其他植物种子数目测定

一、包衣种子净度分析

包衣种子的净度分析可用不脱去包衣材料的种子和脱去包衣材料的种子2种方法进行分析。严格地说，一般不对丸化种子、包膜种子和种子带内的种子进行净度分析。换言之，通常不采用脱去包衣材料的种子和在种子带上剥离的种子进行净度分析，但是如果送验者提出要求或者是混合种子，则应脱去包衣材料，再进行净度分析。

1. 不脱去包衣材料种子的净度分析

（1）试样的分取。试样大小（粒数）规定见表2－8和表2－9。从送验样品中分取1份不少于2500粒种子的试样或2份这一重量一半的半试样。将试样或半试样称重，以克表示，小数位数达到表3－3规定的要求。

（2）试样的分离和称重。种子带不需要进行分离，而丸化种子或包膜种子称重后则需按下列标准将丸化种子（或包膜种子）的试验样品分为净丸化种子（净包膜种子）、未丸化种子（未包膜种子）和杂质3种成分。

净丸化种子（净包膜种子）的标准：①含有或不含有种子的完整丸化粒（包膜粒）；②丸化（包膜）物质面积覆盖占种子表面一半以上的破损丸化粒（包膜粒），但明显不是送验者所述的植物种子或不含有种子的除外。

未丸化（未包膜）种子标准：①任何植物种的未丸化（未包膜）种子；②可以看出其中含有一粒非送验者所述植物种的破损丸化（包膜）种子；③可以看出其中含有送验者所述植物种，而它又未归于净丸化（包膜）种子中的破损丸化（包膜）种子。也就是说，丸化（包膜）物质面积覆盖占种子表面一半或一半以下的破损丸化粒（包膜粒）。

杂质标准：①已经脱落的丸化（包膜）物质；②明显没有种子的丸化（包膜）碎块；③按本章上述规定列为杂质的任何其他物质。

这3种成分分离后，分别称重。

（3）种真实性的鉴定。为了核实丸化（包膜）种子中所含种子是否确实属于送验者所述的种，应从丸化（包膜）种子净度分析后的净丸化（净包膜）种子部分中取出100颗丸粒（包膜粒），用洗涤法或其他方法除去丸化（包膜）物质，然后鉴定每粒种子所属的种。同样，从种子带中取出100粒种子，鉴定每粒供试种子的真实性。

（4）结果计算和报告。计算与填报净丸化（净包膜）种子、未丸化（未包膜）种子和杂质的重量百分率,程序同未包衣种子的净度分析。

2. 脱去包衣材料和种子带上剥离种子的净度分析

(1) 除去包衣材料和制带物质。采用洗涤法除去包衣种子的包衣材料。将不少于2500颗丸化种子或包膜种子,置于细孔筛内,浸入水中振荡,使包衣材料沉于水中。筛孔大小规格为:上层用1.0mm,下层用0.5mm。也可用磁力搅拌器或采用pH 8~8.4的稀氢氧化钠溶液溶解,同样能达到较好的效果。

当要求对从种子带上剥离的种子进行分析时,应小心地将种子与纸带分开并剥去。如果种子带材料为水溶性,则可将其湿润,直至种子分离出来。当在种子带内的种子是丸化种子或包膜种子时,则按上述的洗涤法去掉丸化或包膜材料。

(2) 种子干燥、称重。脱去包衣材料后或从种子带中取出湿润的种子放在滤纸上干燥过夜,再放入干燥箱内干燥,按本书第五章第三节"高水分预先烘干法"(参照GB/T 3543.6—1995中的5.3条)干燥成半干试样(不再采用低恒温或高温方法烘干),然后称得干燥后的种子重量。

(3) 分离、鉴定和称重。具体方法和程序与未包衣种子的净度分析相同。

(4) 结果计算和报告。与未包衣种子的净度分析相同,计算与填报净种子、其他植物种子和杂质的重量百分率。不考虑丸化、包膜材料、制带材料,只有在提出检测要求时,才考虑填报其百分率。

二、包衣种子其他植物种子数目测定

1. 试验样品 供其他植物种子数目测定的试验样品数量见表2-8和表2-9。丸化种子或包膜种子应将试验样品分成2个半试样。

2. 除去包衣材料 用本节所述的洗涤法除去包衣材料或制带物质,但种子不一定要干燥。

3. 分析鉴定 从试样中找出所有其他植物种子,或者按送验者的要求找出某些指定种的种子。

4. 结果计算和报告 测定结果用供检丸化种子或包膜种子的实际重量和大致粒数中所发现的属于所述每个种或类型的种子数,或者用供检种子带长度中所发现的种子粒数表示;同时还需计算每单位重量、单位长度(即每千克、每米)粒数。

当有必要判定同一检验站或不同检验站的2个测定结果是否存在显著差异时,可查其他植物种子数目测定的容许差距表(表3-8)。但在比较时,2个样品的重量需大体相同。

第四章 种子发芽试验

第一节　发芽试验的目的和意义

一、发芽试验的目的

发芽试验的目的是测定种子的最大发芽潜力，以判断不同种子批的质量及田间播种价值。种子批的种用价值(种子净度×发芽率)取决于种子批的净度和发芽率。净度高而发芽率低的种子批不适合作为种用。但发芽率高而净度低的种子批，可将种子清选处理后作为种用。

二、发芽力的含义和表示方法

种子发芽力是指种子在适宜条件下(如实验室控制条件下)长成正常幼苗的能力，通常用发芽势(germination energy)和发芽率(germination percentage)来表示。发芽势是指在规定时间(初次计数时间)内，长成正常幼苗的种子数占供试种子数的百分率。发芽率是指末次计数内长成正常幼苗数占供试种子总数的百分率。发芽率是作物种子质量的主要指标之一。

三、发芽试验的意义

发芽试验一般是按种子检验规程中规定的试验条件进行样品种子的发芽，要求具有重演性和准确性。因此，标准化的发芽试验显得尤为重要。发芽试验除能准确评价种子批的种用价值外，对农业生产、种子经营和质量管理也具有十分重要的作用。

如种子收购时，可正确地进行种子分级和定价；种子贮藏期间，及时了解种子批的质量变化，改进贮藏条件，有利于种子的安全贮藏；种子加工处理中，调整处理工艺，避免加工处理不当对种子质量的影响；种子经营过程中，根据发芽率的高低决定经营行为，避免销售发芽率低的种子，造成经济损失；在生产和管理上，根据发芽率的高低确定播种量，保证农业生产安全用种。

第二节　发芽试验的设备和用品

一、发芽箱和发芽室

发芽箱是提供种子发芽所需的温度、湿度或水分、光照等条件的设备。在选用发芽箱时，应考虑以下因素：①控温可靠、准确、稳定，箱内上、下各部位温度均匀一致；②制冷制热能力强，变温转换能在 30 min 内完成；③光照强度达到 750～1 250 lx；④装配有风扇，通气良好；⑤操作简便等。

发芽室可以认为是一种改进的大型气候箱，其构造原理与发芽箱相似，但能够精确控制或模拟试验要求的各种温度和湿度条件，适合用于条件要求相同的大批量种子发芽。

二、数种与置床设备

数种设备的使用，可以提高置床的工作效率。目前使用的数种设备主要有活动数种板、真空数种仪和电子自动数粒仪等。

1. 真空数种仪　通常由数种头、气流阀门、调压阀、真空泵和连接皮管等部分组成（图 4-1）。数种头有圆形、方形和长方形，其形状和面积与所用的培养皿或发芽盒的形状和大小相适应。其面板设有 50 或 100 个数种孔，孔径大小也与种子类型相适应。真空数种仪主要适用于小、中粒种子，如水稻、小麦种子的数种和置床。

A

B

图 4-1　真空数种仪（A）和数种头（B）（胡晋，2015）

2. 电子自动数粒仪　电子自动数粒仪是种子计数的有效工具。电子自动数粒仪一般主要由电磁振动螺旋送种器、光电计数电路、自动控制系统及电源供给等部分组成。目前国内外针对不同粒型的粮食作物种子研发了不同型号的电子自动数粒仪，用于种子计数、千粒重测定等。

三、发芽介质、发芽床和发芽容器

发芽床由提供种子发芽水分和支撑幼苗生长的介质及盛放介质的发芽器皿构成。发芽介质通常采用纸、砂、土壤、纱布、毛巾、蛭石及琼脂等。发芽床主要有纸床、砂床及土壤床等种类。各种发芽床都应具备保水、通气、无毒、无病菌和具有一定强度的基本要求。《农作物种子检验规程　发芽试验》(GB/T 3534.4—1995)中规定的发芽床介质多为纸和砂，其他介质一般不宜作为初次试验的发芽床。

(一) 发芽介质及其要求

1. 纸　采用纸作为发芽介质的纸床是种子发芽试验中应用最多的一类发芽床。纸床多用于中、小粒种子的发芽。发芽床所用的纸类有专用发芽纸、滤纸和纸巾等。发芽纸一般应满足以下要求：①持水力强、吸水性良好。发芽纸不仅吸水要快(可将纸条下端浸入水中，纸条上的水在 2 min 内上升 30 mm 或以上为佳)，持水力也要强，使发芽试验期间具有足够的保水能力，以保证种子发芽过程不断供应水分。②无毒质。纸张必须不含酸碱、染料、油墨及其他对发芽有害的化学物质。纸张的 pH 应为 6.0～7.5。③无病菌。因为纸上带有真菌或细菌会导致病菌滋长而影响种子发芽，所以发芽纸张必须清洁干净，无病菌污染。④纸质韧性好。纸张应具有多孔性和通气性，并具有一定的强度，以免吸水时糊化和破碎，并在操作时不致撕破，且发芽时种子幼根不易穿入纸内，便于幼苗的正确鉴定。

2. 砂　采用砂作为发芽介质的砂床是种子发芽试验中较为常用的一类发芽床。用作发芽试验的砂粒应选用无任何化学药物污染的细砂，并在使用前经过处理：①洗涤。拣去较大的石子和杂物，用清水洗涤，以除去污物和有毒物质。②消毒。将洗净的湿砂放在铁盘内摊薄，在 130～170 ℃高温下烘干约 2 h，以杀死病菌和砂内的其他种子。③过筛。取孔径为 0.8 mm 和 0.05 mm 的圆孔筛两个，将烘干的砂子过筛，取出两层筛之间的砂子，即直径为 0.05～0.8 mm 的砂粒作为发芽介质。这样大小的砂粒既具有足够的持水力，又能保持一定的孔隙，以利通气。④加水拌匀，调配成适宜的含水量。一般加水量为其饱和含水量的 60%～80%。通常也可采用简便方法调配，即 100 g 干砂中加入 18～26 mL 的水，充分拌匀后，达到手捏成团，放手即散开，不能出现手指一压就出现水层的情况。使用时须将所用砂粒加水拌匀后再分放入培养盒等支持器皿中，不能将干砂先倒入培养盒，然后加水拌匀。后拌砂往往会造成砂中水分多、孔隙少、氧气不足，不同培养盒的发芽介质不均一，影响正常发芽。一般情况下，砂可重复使用。在重复使用前，应洗净，重新消毒。但若发芽所用的砂子是经化学药品处理后的，则不能重复使用。

3. 土壤 发芽试验也可用土壤作为发芽介质。供作发芽试验用的土壤土质必须疏松良好、不结块（如土质黏重应加入适量的砂），无大颗粒，土壤中应不含混入的种子、细菌、真菌、线虫或有毒物质。土壤可以取自地面表层土，但使用前必须经过压碎、高温消毒，一般不重复使用。湿润土壤床的水质应纯净，不含有机杂质和无机杂质，无毒无害，pH 6.0～7.0。

（二）发芽床的种类和用法

1. 纸床 纸床主要有 3 种使用方法。

（1）纸上（TP），是指种子放在一层或多层纸上发芽，包括下列 3 种方式：①在培养皿里垫 2 层发芽纸，充分吸湿，沥去多余水分，种子直接放置在湿润的发芽纸上，用培养皿盖盖好或用塑料袋罩好，放在发芽箱或发芽室内进行发芽。②将种子置于湿润的发芽纸上，并将其直接放在“湿型”发芽箱的盘上，发芽箱内的相对湿度应尽可能接近饱和。③放在雅可勃逊发芽器上，这种发芽器配有放置发芽纸的发芽盘。它通过夹在发芽盘中的发芽纸条伸入下面的水浴槽，以保持发芽床湿润，为防止水分蒸发，发芽床上盖一个透明的钟形罩，罩顶部有一孔，可以通气。

（2）纸间（BP），是指种子放在 2 层纸中间发芽，可采用下列 2 种方式：①在培养皿里把种子均匀放置在湿润的发芽纸上，另外用一层发芽纸盖在种子上。②采用纸卷，把种子均匀放置在湿润的发芽纸上，再用一张同样大小的湿润发芽纸覆盖在种子上，底部褶起 2 cm，然后卷成纸卷，两端用橡皮筋扎住，立放在发芽盒或塑料桶内，套上透明塑料袋保湿，置于规定条件下发芽。立放的纸卷应注意使种子胚芽朝上、胚根朝下生长。有些种子可用短纸卷，直接放在塑料袋（或纸封）内包好，平放或立放在发芽箱内发芽。

（3）褶裥纸（PP），是将种子放在类似手风琴琴键的具有褶裥的纸条内，再将褶裥纸条放在盒内或直接放在“湿型”发芽箱内，并可用一张纸条盖（包）在褶裥纸上面。检验规程规定使用 TP 或 BP 进行发芽的，可用这种方法代替。

2. 砂床 砂床有以下 2 种使用方法。

（1）砂上（TS），适用于小、中粒种子。将拌好的湿砂装入培养盒中至 2～3 cm 厚，再将种子压入砂表层，即砂上发芽。

（2）砂中（S），适用于中、大粒种子。将拌好的湿砂装入培养盒中至 2～4 cm 厚，播入种子，覆盖 1～2 cm 厚（厚度取决于种子的大小）的松散湿砂，以防翘根。

当纸床污染，或对携有病菌的种子样品鉴定困难时，可用砂床替代纸床。有时正常幼苗鉴定出现疑问，需要重新验证试验，也可采用砂床。

3. 土壤床　除检验规程规定使用土壤床外，当纸床或砂床上的幼苗出现中毒症状时或对幼苗鉴定发生怀疑时，或为了比较或研究目的，可采用土壤床。选用符合要求的土壤，经高温消毒后，加水调配成适宜的含水量，然后再播种，并覆上疏松土层。

（三）发芽容器

发芽试验时需要发芽容器作为支撑介质来安放发芽床。培养皿、发芽盘和发芽盒等均可作为发芽容器。发芽容器必须透明、保湿、无毒，具有一定的种子发芽和幼苗发育的空间，确保一定的氧气供应。德国采用 21 cm×21 cm×7.5 cm 的平盖发芽盒，国内有正方形（12 cm×12 cm×5 cm）发芽盒，适用于置放 100 粒小粒和中粒种子的发芽试验，还有长方形（约 18 cm×14 cm×9 cm）发芽盒，适用于大粒种子的发芽试验。

四、其他用品和化学试剂

新鲜种子可能由于休眠等原因不发芽。这就需要在发芽试验前破除休眠。破除休眠可采用一种或几种物理或化学方法进行处理。常见破除种子休眠的药品有硝酸、硝酸钾、赤霉酸、过氧化氢。

种子在发芽试验之前，通常需要进行表面消毒处理。常用的消毒试剂有次氯酸钠等。另外，种子发芽前的处理也包括发芽介质和器皿的消毒，因此，一些配套用品还包括其他消毒设施等。

第三节　种子发芽条件

种子发芽需要水分、温度、氧气和光照等条件。不同作物由于起源和驯化的生态环境不同，其种子发芽所要求的条件也有所差异。提供种子最适宜的发芽条件，可获得准确可靠的发芽试验结果。

一、水分

水分是种子发芽的关键性因素。种子必须吸取足够的水分才能使内部的酶或生长调节物质活化，促进贮藏物质的转化，加强呼吸作用，增加能量供给，促进细胞的生长，从而启动种子的萌发。

不同作物的种子对水分的需求有一定差异。有些作物如烟草、西瓜、大豆、大麦、棉花、菠菜等种子对水分较敏感,水分多,则发芽差,甚至不发芽。而水稻、玉米等种子对水分不太敏感。一般需根据发芽床种类和种子特性确定发芽床的加水量。例如,纸床吸足水分后沥去多余水即可;砂床加水为其饱和含水量的60%~80%(禾谷类等中、小粒种子为60%,豆类等大粒种子为80%);用土壤作发芽床,加水至手握土黏成团,手指轻轻一压就碎为宜。发芽期间,发芽床必须始终保持湿润,并注意保持试验各重复间水分和湿度的一致性。

二、温度

各种种子发芽通常有最低、最适和最高3种温度。温度过低会使种子生理活动延缓,温度过高则使种子生理活动受到抑制而影响发芽,产生畸形苗;只有在最适宜温度下,种子才能正常、良好地发芽。农作物种子发芽试验应按表4-1规定的温度进行。发芽箱的温度在发芽期间应尽可能一致,温度变幅不应超过±2℃。

变温是模拟自然环境下种子发芽的一种温度控制处理。一般来说,变温有利于种子渗入氧气,促进酶活化,加速发芽。新收获的休眠种子对发芽温度的要求特别严格,建议选用表4-1中几种恒温中的较低温度或变温。例如,洋葱种子的发芽温度有20℃、15℃,则应选用15℃发芽;西瓜种子规定温度有20~30℃、30℃、25℃,则应选用20~30℃变温或25℃恒温。陈种子也以选用其中的变温或较低恒温发芽为好。变温通常应保持低温16h、高温8h。对非休眠种子,可以在3h内完成变温。如果是休眠种子,应在1h或更短时间内完成急剧变温或将试验移至另一个设定低温的发芽箱内。

表4-1 农作物种子的发芽技术规定

种(变种)名	学名	发芽床	温度(℃)	初次计数天数(d)	末次计数天数(d)	附加说明(包括破除休眠的建议)
洋葱	*Allium cepa* L.	TP; BP; S	20; 15	6	12	预先冷冻
葱	*Allium fistulosum* L.	TP; BP; S	20; 15	6	12	预先冷冻
韭葱	*Allium porrum* L.	TP; BP; S	20; 15	6	14	预先冷冻
细香葱	*Allium schoenoprasum* L.	TP; BP; S	20; 15	6	14	预先冷冻
韭菜	*Allium tuberosum* Rottl. ex Spreng.	TP	20~30; 20	6	14	预先冷冻
苋	*Amaranthus tricolor* L.	TP	20~30; 20	4~5	14	预先冷冻;KNO_3

续　表

种(变种)名	学　　名	发芽床	温度(℃)	初次计数天数(d)	末次计数天数(d)	附加说明(包括破除休眠的建议)
芹菜	*Apium graveolens* L.	TP	15～25；20；15	10	21	预先冷冻；KNO_3
根芹菜	*Apium graveolens* L. var. *rapaceum* DC.	TP	15～25；20；15	10	21	预先冷冻；KNO_3
花生	*Arachis hypogaea* L.	BP；S	20～30；25	5	10	去壳；预先加温(40℃)
牛蒡	*Arctium lappa* L.	TP；BP	20～30；20	14	35	预先冷冻；四唑染色
石刁柏	*Asparagus officinalis* L.	TP；BP；S	20～30；25	10	28	
紫去英	*Astragalus sinicus* L.	TP；BP	20	6	12	机械去皮
裸燕麦(莜麦)	*Avena nuda* L.	BP；S	20	5	10	
普通燕麦	*Avena sativa* L.	BP；S	20	5	10	预先加温(30～35℃)
落葵	*Basella* spp. L.	TP；BP	30	10	28	预先冷冻；GA_3
冬瓜	*Benincasa hispida* (Thunb.) Cogn.	TP；BP	20～30；30	7	14	预先洗涤；机械去皮
节瓜	*Benincasa hispida* Cogn. var. *chich-qua* How.	TP；BP	20～30；30	7	14	
甜菜	*Beta vulgaris* L.	TP；BP；S	20～30；15～25；20	4	14	预先洗涤(复胚2 h,单胚4 h),再在25℃下干燥后发芽
叶甜菜	*Beta vulgaris* var. *cicla* L.	TP；BP；S	20～30；15～25；20	4	14	
根甜菜	*Beta vulgaris* var. *rapacea* Koch	TP；BP；S	20～30；15～25；20	4	14	
白菜型油菜	*Brassica campestris* L.	TP	15～25；20	5	7	预先冷冻
不结球白菜(包括白菜、乌塌菜、紫菜薹、薹菜、菜薹)	*Brassica campestris* L. spp. *chinensis* (L.) Makion	TP	15～25；20	5	7	预先冷冻
芥菜型油菜	*Brassica juncea* Czen. et Coss.	TP	15～25；20	5	7	预先冷冻；KNO_3
根用芥菜	*Brassica juncea* Coss. var. *megarrhiza* Tsen Lee	TP	15～25；20	5	7	预先冷冻；GA_3
叶用芥菜	*Brassica juncea* Coss. var. *foliosa* Bailey	TP	15～25；20	5	7	预先冷冻；GA_3；KNO_3

续 表

种(变种)名	学 名	发芽床	温度(℃)	初次计数天数(d)	末次计数天数(d)	附加说明(包括破除休眠的建议)
茎用芥菜	*Brassica juncea* Coss. var. *tsatsai* Mao	TP	15～25；20	5	7	预先冷冻；GA_3；KNO_3
甘蓝型油菜	*Brassica napus* L. ssp. *pekinensis* (Lour.) Olsson	TP	15～25；20	5	7	预先冷冻
芥蓝	*Brassica oleracea* L. var. *alboglabra* Bailey	TP	15～25；20	5	10	预先冷冻；KNO_3
结球甘蓝	*Brassica oleracea* L. var. *capitata* L.	TP	15～25；20	5	10	预先冷冻；KNO_3
球茎甘蓝(苤蓝)	*Brassica oleracea* L. var. *caulorapa* DC.	TP	15～25；20	5	10	预先冷冻；KNO_3
花椰菜	*Brassica oleracea* L. var. *botrytis* L.	TP	15～25；20	5	10	预先冷冻；KNO_3
抱子甘蓝	*Brassica oleracea* L. var. *gemmifera* Zenk.	TP	15～25；20	5	10	预先冷冻；KNO_3
青花菜	*Brassica oleracea* L. var. *italica* Plench	TP	15～25；20	5	10	预先冷冻；KNO_3
结球白菜	*Brassica campestris* L. ssp. *pekinensis* (Lour) Olsson	TP	15～25；20	5	7	预先冷冻；GA_3
芜菁	*Brassica rapa* L.	TP	15～25；20	5	7	预先冷冻
芜菁甘蓝	*Brassica napobrassica* Mill.	TP	15～25；20	5	14	预先冷冻；KNO_3
木豆	*Cajanus cajan* (L.) Millsp.	BP；S	20～30；25	4	10	
大刀豆	*Canavalia gladiata* (Jacq.) DC.	BP；S	20	5	8	
大麻	*Cannabis sativa* L.	TP；BP	20～30；20	3	7	
辣椒	*Capsicum frutescens* L.	TP；BP；S	20～30；30	7	14	KNO_3
甜椒	*Capsicum frutescens* var. *grossum* Bailey	TP；BP；S	20～30；30	7	14	KNO_3
红花	*Carthamus tinctorius* L.	TP；BP；S	20～30；25	4	14	
茼蒿	*Chrysanthemum coronarium* var. *spatisum* Bailey	TP；BP	20～30；15	4～7	21	预先加温(40℃，4～6 h)；预先冷冻；光照
西瓜	*Citrullus lanatus.* (Thunb.) Matsum. et Nakai	BP；S	20～30；30；25	5	14	
薏苡	*Coix lacryma-jobi* L.	BP	20～30	7～10	21	

续 表

种(变种)名	学 名	发芽床	温度(℃)	初次计数天数(d)	末次计数天数(d)	附加说明(包括破除休眠的建议)
圆果黄麻	*Corchorus capsularis* L.	TP；BP	30	3	5	
长果黄麻	*Corchorus olitorius* L.	TP；BP	30	3	5	
芫荽	*Coriandrum sativum* L.	TP；BP	20～30；20	7	21	
柽麻	*Crotalaria juncea* L.	BP；S	20～30	4	10	
甜瓜	*Cucumis melo* L.	BP；S	20～30；25	4	8	
越瓜	*Cucumis melo* L. var. *conomon* Makino	BP；S	20～30；25	4	8	
菜瓜	*Cucumis melo* L. var. *flexuosus* Naud.	BP；S	20～30；25	4	8	
黄瓜	*Cucumis sativus* L.	TP；BP；S	20～30；25	4	8	
笋瓜(印度南瓜)	*Cucurbita maxima* Duch. ex Lam	BP；S	20～30；25	4	8	
南瓜(中国南瓜)	*Cucurbita moschata* (Duchesne) Duchesne ex Poiret	BP；S	20～30；25	4	8	
西葫芦(美洲南瓜)	*Cucurbita pepo* L.	BP；S	20～30；25	4	8	
瓜儿豆	*Cyamopsis tetragonoloba*(L.)Taubert	BP	20～30	5	14	
胡萝卜	*Daucus carota* L.	TP；BP	20～30；20	7	14	
扁豆	*Dolichos lablab* L.	BP；S	20～30；20；25	4	10	
龙爪稷	*Eleusine coracana*(L.) Gaertn.	TP	20～30	4	8	KNO_3
甜荞	*Fagopyrum esculentum* Moench	TP；BP	20～30；20	4	7	
苦荞	*Fagopyrum tataricum* (L.) Gaertn.	TP；BP	20～30；20	4	7	
茴香	*Foeniculum vulgare* Miller	TP；BP；TS	20～30；20	7	14	
大豆	*Glycine max* (L.) Merr.	BP；S	20～30；25	5	8	
棉花	*Govssypium* spp.	BP；S	20～30；30；25	4	12	
向日葵	*Helianthus annuus* L.	BP；S	20～30；25；20	4	10	预先冷冻；预先加温
红麻	*Hibiscus cannabinus* L.	BP；S	20～30；25	4	8	
黄秋葵	*Hibiscus esculentus* L.	TP；BP；S	20～30	4	21	

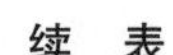

种(变种)名	学　名	发芽床	温度(℃)	初次计数天数(d)	末次计数天数(d)	附加说明(包括破除休眠的建议)
大麦	*Hordeum vulgare* L.	BP；S	20	4	7	预先加温(30～35 ℃)；预先冷冻；GA_3
蕹菜	*Ipomoea aquatic* Forsskal	BP；S	30	4	10	
莴苣	*Lactuca sativa* L.	TP；BP	20	4	7	预先冷冻
瓠瓜	*Lagenaria siceraria* (Molina) Standley	BP；S	20～30	4	14	
兵豆(小扁豆)	*Lens culinaris* Medikus	BP；S	20	5	10	预先冷冻
亚麻	*Linum usitatissimum* L.	TP；BP	20～30；20	3	7	预先冷冻
棱角丝瓜	*Luffa acutangula* (L.) Roxb.	BP；S	30	4	14	
普通丝瓜	*Luffa cylindrica* (L.) Roem.	BP；S	20～30；30	4	14	
番茄	*Lycopersicon esculentum* Mill.	TP；BP；S	20～30；25	5	14	KNO_3
金花菜	*Medicago polymorpha* L.	TP；BP	20	4	14	
紫花苜蓿	*Medicago sativa* L.	TP；BP	20	4	10	预先冷冻
白香草木樨	*Melilotus albus* Desr.	TP；BP	20	4	7	预先冷冻
黄香草木樨	*Melilotus officinalis* (L.) Pallas	TP；BP	20	4	7	预先冷冻
苦瓜	*Momordica charantia* L.	BP；S	20～30；30	4	14	
豆瓣菜	*Nasturtium officinale* R. Br.	TP；BP	20～30	4	14	
烟草	*Nicotiana tabacum* L.	TP	20～30	7	16	KNO_3
罗勒	*Ocimum basilicum* L.	TP；BP	20～30；20	4		KNO_3
稻	*Oryza sativa* L.	TP；BP；S	20～30；30	5	14	预先加温 50 ℃；在水中或 KNO_3 中浸 24 h
豆薯	*Pachyrhizus erosus* (L.) Urban	BP；S	20～30；30	7	14	
黍(糜子)	*Panicum miliaceum* L.	TP；BP	20～30；25	3	7	
美洲防风	*Pastinaca sativa* L.	TP；BP	20～30	6	28	
香芹	*Petroselinum crispum* (Miller) Nyman ex A. W. Hill	TP；BP	20～30	10	28	

续　表

种(变种)名	学　名	发芽床	温度(℃)	初次计数天数(d)	末次计数天数(d)	附加说明(包括破除休眠的建议)
多花菜豆	*Phaseolus multiflorus* Willd.	BP；S	20～30；20	5	9	
利马豆(菜豆)	*Phaseolus lunatus* L.	BP；S	20～30；25；20	5	9	
菜豆	*Phaseolus vulgaris* L.	BP；S	20～30；25；20	5	9	
酸浆	*Physalis pubescens* L.	TP	20～30	7	28	KNO_3
茴芹	*Pimpinella anisum* L.	TP；BP	20～30	7	21	
豌豆	*Pisum sativum* L.	BP；S	20	5	8	
马齿苋	*Portulaca oleracea* L.	TP；BP	20～30	5	14	预先冷冻
四棱豆	*Psophocarpus tetragonolobus* (L.) DC.	BP；S	20～30；30	4	14	
萝卜	*Raphanus sativus* L.	TP；BP；S	20～30；20	4	10	预先冷冻
食用大豆	*Rheum rhaponticum* L.	TP	20～30	7	21	
蓖麻	*Ricinus communis* L.	BP；S	20～30	7	14	
鸦葱	*Scorzonera hispanica* L.	TP；BP；S	20～30；20	4	8	预先冷冻
黑麦	*Secale cereal* L.	TP；BP；S	20	4	7	预先冷冻；GA_3
佛手瓜	*Sechium edule* (Jacp.) Swartz	BP；S	20～30；20	5	10	
芝麻	*Sesamum indicum* L.	TP	20～30	3	6	
田菁	*Sesbania cannabina* (Retz.) Pers.	TP；BP	20～30；25	5	7	
粟	*Setaria italica* (L.) Beauv.	TP；BP	20～30	4	10	
茄子	*Solanum melongena* L.	TP；BP；S	20～30；30	7	14	
高粱	*Sorghum bicolor* (L.) Moench	TP；BP	20～30；25	4	10	预先冷冻
菠菜	*Spinacia oleracea* L.	TP；BP	15；10	7	21	预先冷冻
黎豆	*Stizolobium* ssp.	BP；S	20～30；20	5	7	
番杏	*Tetragonia tetragonioides* (Pallas) Kuntze	BP；S	20～30；20	7	35	除去果肉；预先洗涤
婆罗门参	*Tragopogon porrifolius* L.	TP；BP	20	5	10	预先冷冻
小黑麦	*X. Triticosecale* Wittm.	TP；BP；S	20	4	8	预先冷冻；GA_3
小麦	*Triticum aestivum* L.	TP；BP；S	20	4	8	预先加温(30～35℃)；预先冷冻；GA_3
蚕豆	*Vicia faba* L.	BP；S	20	4	14	预先冷冻
箭筈豌豆	*Vicia sativa* L.	BP；S	20	5	14	预先冷冻
毛叶苕子	*Vicia villosa* Roth	BP；S	20	5	14	预先冷冻

续　表

种(变种)名	学　名	发芽床	温度(℃)	初次计数天数(d)	末次计数天数(d)	附加说明(包括破除休眠的建议)
赤豆	*Vigna angularis* (Willd) Ohwi & Ohashi	BP；S	20～30	4	10	
绿豆	*Vigna radiata* (L.) Wilczek	BP；S	20～30；25	5	7	
饭豆	*Vigna umbellata* (Thunb.) Ohwi & Ohashi	BP；S	20～30；25	5	7	
长豇豆	*Vigna unguiculata* W. ssp. *sesquipedalis* (L.) Verd.	BP；S	20～30；25	5	8	
矮豇豆	*Vigna unguiculata* W. ssp. *unguiculata* (L.) Verd.	BP；S	20～30；25	5	8	
玉米	*Zea mays* L.	BP；S	20～30；25；20	4	7	

资料来源:GB/T 3543.4—1995。

注:TP——纸上;BP——纸间;S——砂中;TS——砂上。

三、氧气

氧气是种子发芽不可缺少的条件。种子吸水后,各种酶开始活化,需要呼吸氧气进行有氧呼吸,促进新陈代谢、物质转化,保证幼苗生长的能量供应。只有得到氧气的正常供应,种子才能正常发芽生长。不同种子对氧气的需要量和敏感性是有差异的。一般来说,旱生的大粒种子,如大豆、玉米、棉花、花生等种子对氧气的需求较多;而水生的小、中粒种子则对氧气的需求较少。幼苗的不同构造对氧气的需要量和敏感性也有差异。种子发芽时,胚根伸长对氧气的需求比胚芽伸长更为敏感。如果发芽床上水分多、氧气少,则长芽;反之,水分少、氧气多,则宜于长根。这就是常说的“干长根,湿长芽”。

因此,发芽期间应使种子周围有足够的空气,尤其是用纸卷发芽时应注意纸卷疏松,用砂床和土壤试验时,覆盖种子的砂或土壤不要压紧。注意水分和通气的协调,防止水分过多在种子周围形成水膜,阻隔氧气进入种胚而影响发芽;防止水分过多或过少,导致幼苗的不均衡生长。

四、光照

光照因不同作物而异,按种子发芽对光反应的不同可将种子分为 3 类:①需光型种子,发芽时必须有红光或白炽光，促使光敏色素转变为活化型，如芹菜、茼蒿等。特别是当这类新收获的休眠种子发芽时，必须给予光照。②需暗型种子，这类种子必须在黑暗条件下，其光敏色素才能达到萌发水平，如黑种草种子。③光不敏感型种子，在光照或黑暗条件下均能良好发芽，这类种子包括大多数大田作物和蔬菜种子。

表 4－1 中大多数植物的种子可在光照或黑暗条件下发芽，但最好采用光照。即便是需暗型种子，也只是发芽初期必须黑暗，随着茎叶系统的形成，其进一步生长发育需要光合作用提供能量和养分，也需要光照。另外，光照培养条件下发芽，有利于抑制发芽过程中霉菌的生长繁殖，并有利于区分黄化和白化不正常幼苗，提高正常幼苗的鉴定准确性。需光照时，光照强度一般为 750～1 250 lx，如在变温条件下发芽，光照应在 8 h 高温时进行。

第四节　标准发芽试验方法

一、选用发芽床

根据《国际种子检验规程》或我国的种子检验规程选用适宜的发芽床。在表 4－1 中，每个作物通常列出了 2～3 种发芽床，如水稻，表 4－1 中规定有纸上（TP）、纸间（纸卷，BP）和砂床（S）3 种发芽床。通常，小、中粒种子（如水稻、小麦等）可用 TP 发芽床，中粒种子可用 BP 发芽床；大粒种子或对水分敏感的小、中粒种子宜用 S 发芽床。活力较差的种子，可选用砂床，其效果较好。《国际种子检验规程》（2009 版）还增加了适用豌豆种子的纸上盖沙（top of paper covered with sand，TPS）发芽方法。在选好发芽床后，根据不同作物的种子特性和发芽床的要求，调节发芽箱至适当的温度和湿度。

二、数种置床

1. 试样来源和数量　发芽试验样品必须来源于净种子，从充分混合的净种子中随机数取一定数量的供试样品，一般是 400 粒。净种子可以从净度分析后的净种子中随机数取，也可以从送验样品中直接随机数取。

一般小、中粒种子（如油菜、小麦、水稻等）以 100 粒为一重复，试验设 4 次重复；大粒种子（如玉米、大豆、棉花等）以 50 粒为一副重复，试验设 8 个副重复；特大粒的种子（如花生和蚕豆等）可以 25 粒为一副重复，试验设 16 个副重复。复胚种子单位（multigerm seed unit）可视为单粒种子进行试验，不需弄破（分开），但芫荽例外。

2. 置床 种子要均匀放置在发芽床上，种子之间留有空隙，多以1～5倍种子间距为佳，以保持足够的生长空间，并防止发霉种子相互感染。每粒种子应良好接触水分，使发芽条件一致。

3. 贴（放）标签 在培养皿或其他发芽容器底盘的内侧放上或侧面贴上标签，注明样品编号、品种名称、重复序号和置床日期等，然后盖好容器盖子或套一薄膜塑料袋。

三、发芽培养和检查管理

1. 发芽培养 按表4-1规定的发芽条件，选择适宜的温度。关于光照条件，需光型种子如茼蒿种子发芽时，必须有光照促进发芽。需暗型种子在发芽初期应放置在黑暗条件下培养。由于光照利于抑制发芽过程中霉菌生长繁殖和幼苗子叶、初生叶的光合作用，大多数种子发芽时，只要条件允许，最好在光照下培养。

2. 检查管理 种子发芽期间，应及时检查管理，以保持适宜的发芽条件。发芽床应始终保持湿润，水分不能过多或过少。定期检查光照，防止由控光部件失灵、断电等意外事故造成光照失控。温度应保持在所需温度的±2℃范围内，防止由控温部件失灵、断电、电器损坏等意外事故造成温度失控。如采用变温发芽，则应按规定变换温度。如发现霉菌滋生，应及时取出种子洗涤去霉。当发霉种子超过5%时，应更换发芽床，以免霉菌扩散。如发现腐烂死亡种子，则应及时将其移除并作记载。还应注意通气，避免因缺氧而使正常发芽受影响。

四、观察记载

1. 试验持续时间 每个作物的发芽试验持续时间详见表4-1。试验前或试验间用于破除休眠处理所需时间不计入发芽试验时间。

如果样品在规定的试验时间内只有几粒种子开始发芽，则试验时间可延长7 d，或延长规定时间的一半。根据试验情况，可增加计数的次数。反之，如果在规定的试验时间前，样品已达到最高发芽率，则该试验可提前结束。

2. 鉴定幼苗和观察计数 每株幼苗都必须按规定标准进行鉴定。鉴定要在主要构造已发育到一定时期时进行。根据物种的不同，试验中绝大部分幼苗应达到子叶从种皮中伸出（如莴苣属）、初生叶展开（如菜豆属）、叶片从胚芽鞘中伸出（如小麦属）。尽管一些种如胡萝卜属在试验末期并非所有幼苗的子叶都已从种皮中伸出，但至少在末次计数时，可以清楚地看到子叶基部的“颈”。

在初次计数时，应把发育良好的正常幼苗从发芽床中拣出，对可疑的或损伤、畸形或不均衡的幼苗，通常到末次计数时进行记载。严重腐烂的幼苗或发霉的死种子应及时从发芽床中除去，并计数。

末次计数时，按正常幼苗、不正常幼苗、新鲜不发芽种子、硬实和死种子进行鉴定、分类计数和记载。复胚种子单位作为单粒种子计数，试验结果用至少产生一个正常幼苗的种子单位的百分率表示。当送验者提出要求时，也可测定 100 个种子单位所产生的正常幼苗数，或产生 1 株、2 株及 2 株以上正常幼苗的种子单位数。

五、结果计算和表示

试验结果以粒数的百分率表示。计算时，以 100 粒种子为一重复，如采用 50 粒或 25 粒的副重复，则应将相邻副重复合并成 100 粒的重复。当一个试验的 4 次重复间正常幼苗百分率在最大容许差距范围内（表 4－2），则取其平均数表示发芽百分率。不正常幼苗、新鲜不发芽种子、硬实和死种子的百分率按 4 次重复平均数计算。

表 4－2 同一发芽试验 4 个重复间的容许差距(2.5%显著水平的两尾测定)

平均发芽率		最大容许差距(%)
50%以上	50%以下	
99	2	5
98	3	6
97	4	7
96	5	8
95	6	9
93～94	7～8	10
91～92	9～10	11
89～90	11～12	12
87～88	13～14	13
84～86	15～17	14
81～83	18～20	15
78～80	21～23	16
73～77	24～28	17
67～72	29～34	18
56～66	35～45	19
51～55	46～50	20

资料来源：GB/T 3543.4—1995。

六、破除休眠和重新试验

（一）破除休眠

当试验结束还存在硬实或新鲜不发芽种子时，可采用下列一种或几种方法进行处理，重新试验，如预知或怀疑种子有休眠，这些处理方法也可用于发芽试验前或置床后。

1. 破除生理休眠的方法

（1）预先冷冻。试验前，将各重复种子放在湿润的发芽床上，在5～10℃进行预冷处理，如麦类在5～10℃处理3d，然后在规定温度下进行发芽。

（2）硝酸处理。水稻休眠种子可用0.1mol/L硝酸溶液浸种16～24h，然后置床发芽。

（3）硝酸钾处理。禾谷类、茄科等许多种子可用0.2%硝酸钾溶液湿润发芽床。试验期间，水分不足时可加水湿润。

（4）赤霉酸(GA_3)处理。燕麦、大麦、黑麦和小麦种子可用0.05% GA_3溶液湿润发芽床。当休眠较浅时用0.02%浓度，当休眠较深时需用0.1%浓度。芸薹属可用0.01%或0.02%浓度的溶液。

（5）过氧化氢处理。可用于小麦、大麦和水稻休眠种子的处理。用高浓度过氧化氢(29%)处理时，小麦浸种5min，大麦浸种10～20min，水稻浸种2h。用低浓度过氧化氢处理时，小麦用1%浓度，大麦用1.5%浓度，水稻用3%浓度，均浸种24h。用高浓度过氧化氢处理后，必须马上用吸水纸吸去沾在种子上的过氧化氢，再置床发芽。

（6）去稃壳处理。水稻用出糙机脱去稃壳；有稃大麦剥去胚部稃壳（外稃）；菠菜剥去果皮或切破果皮；瓜类嗑开种皮。

（7）加热干燥。将发芽试验的各重复种子摊成一薄层，置于通气良好的条件下干燥。各种作物种子加热干燥的温度和时间见表4-3。

表4-3　各种作物种子加热干燥的温度和时间

作物名称	温度(℃)	时间(d)
大麦、小麦	30～35	3.0～5.0
高粱	30	2.0
水稻	40	5.0～7.0
花生	40	14.0
大豆	30	0.5
向日葵	30	7.0
棉花	40	1.0
烟草	30～40	7.0～10.0
胡萝卜、芹菜、菠菜、洋葱、黄瓜、甜瓜、西瓜	30	3.0～5.0

2. 破除硬实的方法

（1）开水烫种。适用于棉花和豆类的硬实。发芽试验前将种子用开水烫种 2 min，再行发芽。

（2）机械损伤。小心地将种皮刺穿、削破、挫伤或用砂皮纸摩擦。豆科硬实可用针直接刺入子叶部分，也可用刀片切去部分子叶。

3. 除去抑制物质的方法　甜菜、菠菜等种子单位的果皮或种皮内有发芽抑制物质时，可将种子浸在温水或流水中预先洗涤，甜菜复胚种子洗涤 2 h，遗传单胚种子洗涤 4 h，菠菜种子洗涤 1～2 h。然后将种子干燥，干燥时最高温度不得超过 25 ℃。

（二）重新试验

当试验出现下列情况时，应重新试验。

（1）怀疑种子有休眠（即有较多的新鲜不发芽种子）时，可采用上述休眠种子处理方法破除休眠，重新试验。将重新试验得到的最佳结果填报，同时注明所用的方法。

（2）由于真菌或细菌感染蔓延而使试验结果不可靠时，可采用砂床或土壤发芽床重新试验。如有必要，还可增加种子之间的距离。

（3）当正确鉴定幼苗存在困难时，可采用表 4 - 1 中规定的一种或几种方法并用砂床或土壤发芽床重新试验。

（4）当发现试验条件、幼苗鉴定或计数有差错时，应采用同样的方法重新试验。

（5）当 100 粒种子重复间的差距超过表 4 - 2 规定的最大容许差距时，应采用同样的方法重新试验。如果第 2 次结果与第 1 次结果相一致，即其差异不超过表 4 - 4 中所示的最大容许差距，则将 2 次试验结果的平均数填报在结果单上。如果第 2 次结果与第 1 次结果不

表 4 - 4　同一或不同实验室来自相同或不同送验样品间发芽试验的容许差距（2.5%显著水平的两尾测定）

平均发芽率		最大容许差距（%）
50%以上	50%以下	
98～99	2～3	2
95～97	4～6	3
91～94	7～10	4
85～90	11～16	5
77～84	17～24	6
60～76	25～41	7
51～59	42～50	8

资料来源：GB/T 3543.4—1995。

相符合，即其差异超过表 4 - 4 所示的最大容许差距，则采用同样的方法进行第 3 次试验。将第 3 次结果分别与第 1 次结果和第 2 次结果进行比较，填报符合要求的结果平均数。若第 3 次试验仍得不到符合要求的结果，则应考虑人员操作(如是否使用数种设备不当，造成试样误差太大等)、发芽设备或其他方面存在的重大问题，并进行必要的调整。

七、容许误差和结果报告

(一) 容许误差

容许误差是指两值之间所能容许不显著的最大差异。两值可以是 2 个估测值或一个规定值和一个估测值。估测值是指检测种子样品所获得的某一质量特性(如发芽率、纯度、净度等指标)的测定值。规定值是指在法律、条例、标准或合同中规定的种子质量指标所能容许的最低值。容许误差应符合 GB/T 3543.1 和 GB/T 3543.4 的标准规定。

此标准规定了 4 种容许误差及其用法。

(1) 同一检验室同一送验样品重复间的容许误差。

(2) 从同一种子批扦取的同一或不同送验样品，经同一或另一检验机构检验，比较 2 次结果是否一致。

(3) 从同一种子批中扦取的第 2 个送验样品经同一或另一个检验机构检验，所得结果与第 1 次的比较。

(4) 抽检、统检、仲裁检验、定期检查等与种子质量标准、合同、标签等规定值的比较。

为了便于理解这些容许误差的应用，举例说明如下。

【例 4 - 1】某一水稻杂交种发芽试验 4 次重复的发芽率分别为 97%、96%、98%、95%，其发芽试验条件为纸上，30 ℃恒温。

4 次重复的结果平均值为：(97%＋96%＋98%＋95%)/4＝96.5%，根据修约至最近似整数的原则，发芽率修约(0.5 进为 1 计算)为 97%。

用 97%查表 4 - 2(或 GB/T 3543.4—1995 中表 3)，查得重复间最大容许差距为 7%，而重复间的最大值 98%与最小值 95%之差为 3%，在最大容许差距范围内，所以本试验结果是可靠的，发芽率的填报结果为 97%。

【例 4 - 2】第 1 次发芽试验 4 次重复的发芽率分别为 76%、65%、68%和 57%，其发芽试验条件为纸上，20～30 ℃变温，并经硝酸钾处理。4 次重复的结果平均值为：(76%＋65%＋68%＋57%)/4＝66.5%，根据最大值保留整数的修约原则，用 67%查表 4 - 2，查得最大容许误差为 18%，而重复间的最大差异为：76%－57%＝19%，超过了最大容许误差

18%，所以必须进行重新试验。

第2次的发芽试验4次重复的发芽率分别为70%、70%、68%和72%。4次重复的结果平均值为：(70%+70%+68%+72%)/4=70%，用70%查表4-2，最大容许误差为18%，而重复间的最大差异为：72%-68%=4%，未超过最大容许误差18%。

再比较2次试验的一致性：(66.5%+70%)/2=68.25%，用68%查表4-4(或GB/T 3543.4—1995中表4)，其容许误差为7%，而2次试验间的差距为70%-66.5%=3.5%，未超过最大容许误差。因此，发芽率最后填报2次结果的平均值为68%。

(二) 结果报告

可按表4-5的内容进行发芽结果填报，须填报正常幼苗、不正常幼苗、新鲜不发芽种子、硬实和死种子等所有成分的百分率。假如其中任何一项结果为零，则将符号“-0-”填入该栏中。同时还需填报采用的发芽床种类和温度、发芽试验持续时间，以及为促进发芽所采用的处理方法。发芽试验采用的方法可以用规程中约定的缩写符号注明。

表4-5　种子发芽试验记载表

<table>
<tr><td colspan="2">实验编号</td><td colspan="8"></td><td colspan="4">置床日期</td><td colspan="8">年　月　日</td></tr>
<tr><td colspan="2">作物名称</td><td colspan="4"></td><td colspan="4">品种名称</td><td colspan="4"></td><td colspan="5">每重复置床种子数</td><td colspan="3"></td></tr>
<tr><td colspan="2">发芽前处理</td><td colspan="3"></td><td colspan="2">发芽床</td><td colspan="3"></td><td colspan="3">发芽温度</td><td colspan="3"></td><td colspan="3">持续时间</td><td colspan="3"></td></tr>
<tr><td rowspan="3">记载日期</td><td rowspan="3">记载天数</td><td colspan="20">重复</td></tr>
<tr><td colspan="5">Ⅰ</td><td colspan="5">Ⅱ</td><td colspan="5">Ⅲ</td><td colspan="5">Ⅳ</td></tr>
<tr><td>正</td><td>硬</td><td>新</td><td>不</td><td>死</td><td>正</td><td>硬</td><td>新</td><td>不</td><td>死</td><td>正</td><td>硬</td><td>新</td><td>不</td><td>死</td><td>正</td><td>硬</td><td>新</td><td>不</td><td>死</td></tr>
<tr><td></td><td></td><td></td><td></td><td></td><td></td><td></td><td></td><td></td><td></td><td></td><td></td><td></td><td></td><td></td><td></td><td></td><td></td><td></td><td></td><td></td><td></td></tr>
<tr><td colspan="2">合计</td><td></td><td></td><td></td><td></td><td></td><td></td><td></td><td></td><td></td><td></td><td></td><td></td><td></td><td></td><td></td><td></td><td></td><td></td><td></td><td></td></tr>
<tr><td colspan="2" rowspan="6">实验结果：</td><td>正</td><td colspan="7">正常幼苗　(%)</td><td colspan="12" rowspan="6">附加说明：</td></tr>
<tr><td>硬</td><td colspan="7">硬实种子　(%)</td></tr>
<tr><td>新</td><td colspan="7">新鲜未发芽　(%)</td></tr>
<tr><td>不</td><td colspan="7">不正常幼苗　(%)</td></tr>
<tr><td>死</td><td colspan="7">死种子　(%)</td></tr>
<tr><td>合计</td><td colspan="7"></td></tr>
</table>

试验人：

在发芽试验中，正常幼苗百分率应修约至最接近的整数，等于或超过0.5则进位。计算其余成分百分率的整数，并获得其总和。如果总和为100，修约程序到此结束。如果总和不是100，继续执行下列程序：在不正常幼苗、硬实、新鲜不发芽种子和死种子中，首先找出其百分率中小数部分最大值者，修约此数至最大整数，并作为最终结果；其次计算其余成分百分率的整数，获得其总和，如果总和为 100，修约程序到此结束。如果不是 100，重复此程序。如果小数部分相同，优先次序为不正常幼苗、硬实、新鲜不发芽种子和死种子。

如果发芽试验时间超过规定时间，在规定栏中填报末次计数的发芽率。超过规定时间以后的正常幼苗应填报在附加说明中，并采用格式："到规定时间 X 天后，有 $Y\%$ 为正常幼苗"。

第五节　幼 苗 鉴 定

一、幼苗的出土类型和主要构造

1. 幼苗的出土类型　种子发芽后根据子叶的位置，可分为子叶出土型和子叶留土型。

（1）子叶出土型（epigeal germination）。由于下胚轴伸长而使子叶和幼芽伸出地面的一种发芽习性，如单子叶植物的洋葱（图 4－2A），双子叶植物的甘蓝（图 4－3A）、菜豆（图 4－3B）、瓜类和棉花等。

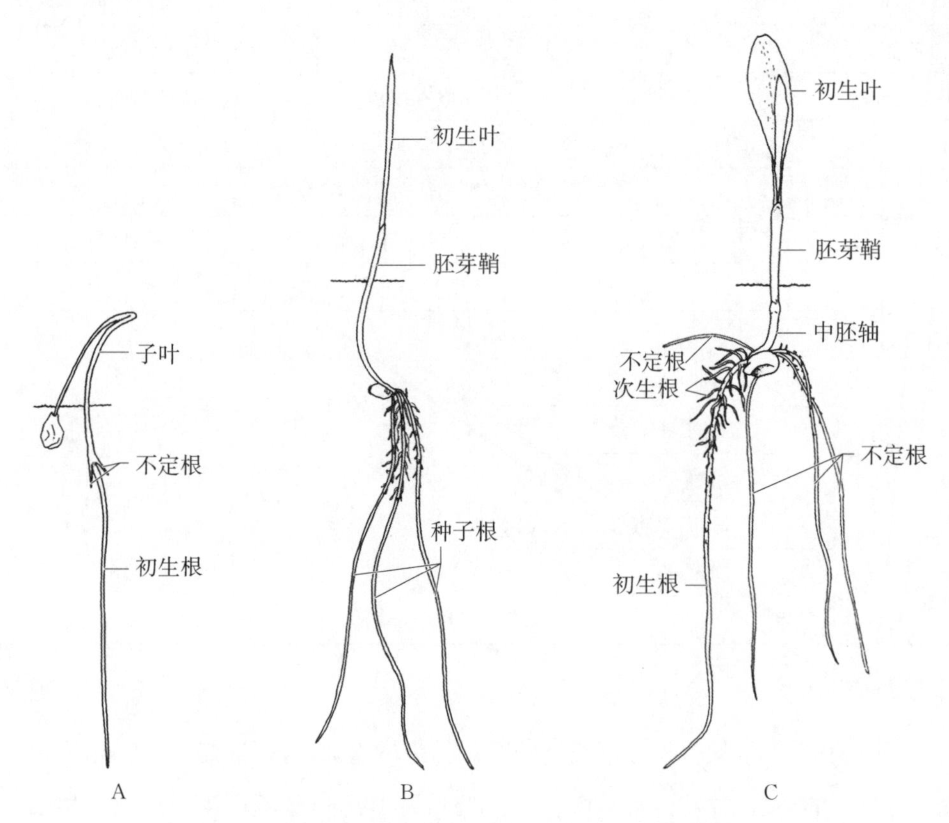

A. 洋葱（子叶出土型）；B. 小麦（子叶留土型）；C. 玉米（子叶留土型）。

图 4－2　单子叶幼苗的主要构造（ISTA，1979）

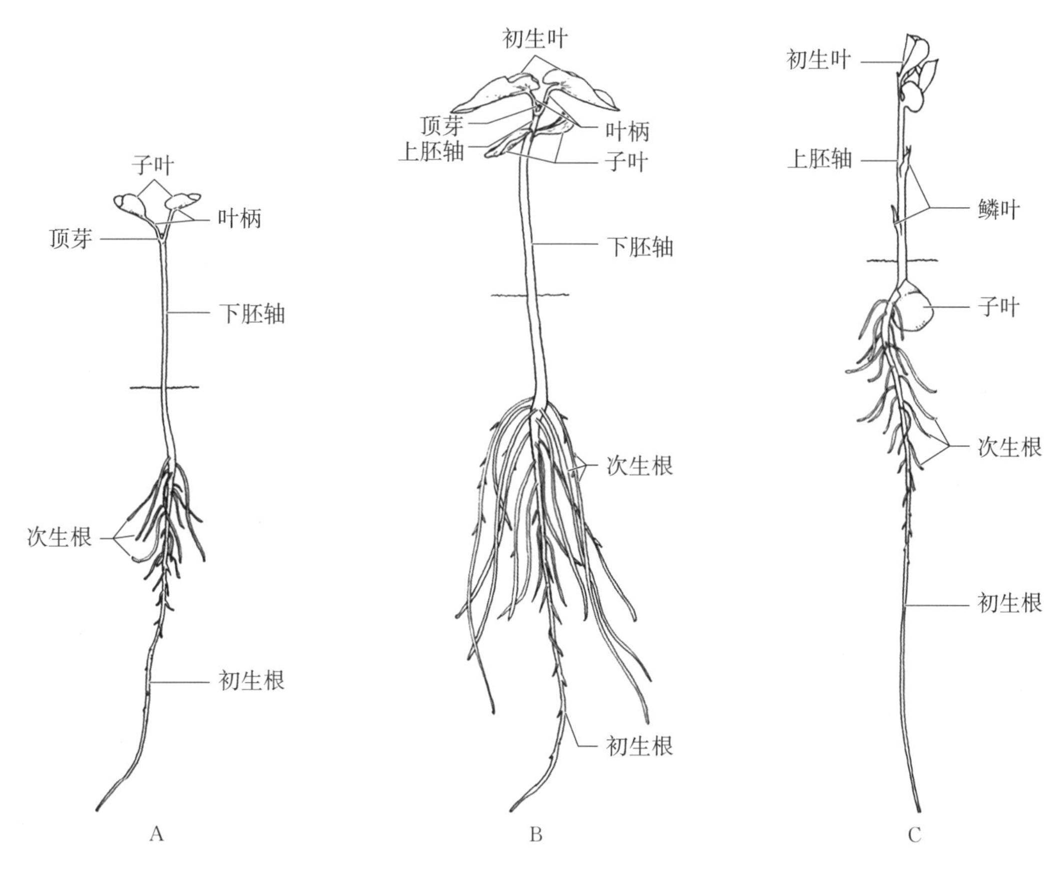

A. 甘蓝（子叶出土型）；B. 菜豆（子叶出土型）；C. 豌豆（子叶留土型）。

图 4－3　双子叶幼苗的主要构造（ISTA，1979）

这类种子发芽时，随着胚根突出种皮，下胚轴迅速伸长，将子叶和胚芽一起带出地面，此时子叶变绿展开并形成幼苗的第一个光合作用器官，接着上胚轴和顶芽发育生长。

（2）子叶留土型（hypogeal germination）。子叶或变态子叶（盾片）留在土壤中种皮内的一种发芽习性，如单子叶植物的水稻、小麦（图 4－2B）、玉米（图 4－2C）等，双子叶植物的蚕豆、豌豆（图 4－3C）等。

这类种子发芽时，仅子叶以上的上胚轴或禾本科的胚芽鞘和中胚轴伸长，它们连同胚芽向上伸出地面，形成植株的茎叶系统，子叶或盾片留在土壤中的种皮内。与子叶出土型幼苗相比，首先进行光合作用的器官是初生叶或从胚芽中长出的第一片真叶。

2. 幼苗的主要构造　幼苗鉴定时，要正确判定种子是否有能在适宜的田间条件下生长成正常植株的能力，不仅要检查整株幼苗，而且特别要检查每株幼苗的每个主要构造是否正常。

幼苗的主要构造因作物种类的不同而有明显差异，但通常由下列的一些构造组织组成：

①根系，主要是初生根和次生根，在禾本科某些属中为种子根。②幼苗中轴，包括下胚轴、上胚轴、顶芽，在禾本科某些属中表现为中胚轴。③子叶，具有特定数目，一个至数个。④胚芽鞘，禾本科中所有属均有。

(1) 单子叶植物幼苗的主要构造。单子叶植物子叶出土型幼苗的主要构造包括初生根、不定根和管状子叶等，如葱属(图 4-2A)。单子叶植物子叶留土型幼苗的主要构造包括种子根、初生根、次生根、不定根、中胚轴、胚芽鞘、初生叶等，如小麦属(图 4-2B)、玉蜀黍属(图 4-2C)、稻属等。

(2) 双子叶植物幼苗的主要构造。双子叶植物子叶出土型幼苗的主要构造包括初生根、次生根、下胚轴或上胚轴、子叶、初生叶和顶芽等部分，如菜豆属(图 4-3B)、芸薹属(图 4-3A)等。双子叶植物子叶留土型幼苗的主要构造包括初生根、次生根、子叶、上胚轴、鳞叶、初生叶和顶芽等，如豌豆属(图 4-3C)等。

二、幼苗鉴定总则

正确鉴定幼苗是发芽试验的一个重要环节。掌握正常幼苗和不正常幼苗鉴定的标准，精确鉴别正常幼苗和不正常幼苗，对获得正确可靠的发芽试验结果至关重要。

1. 正常幼苗的鉴定标准 正常幼苗是指在良好土壤及适宜水分、温度和光照条件下能继续生长发育成为植株的幼苗。种子检验规程把正常幼苗分为 3 类，即完整幼苗、带有轻微缺陷的幼苗和次生感染的幼苗。

凡符合下列类型之一者为正常幼苗。

(1) 完整幼苗。幼苗主要构造生长良好、完全、匀称和健康。因种不同，应具有下列一些构造。

① 发育良好的根系，其组成如下。

a. 细长的初生根，通常长满根毛，末端细尖。

b. 在规定试验时期内产生的次生根。

c. 在燕麦属、大麦属、黑麦属、小麦属和小黑麦属中，由数条种子根代替一条初生根。

② 发育良好的幼苗中轴，其组成如下。

a. 出土型发芽的幼苗，应具有一个直立、细长并有伸长能力的下胚轴。

b. 留土型发芽的幼苗，应具有一个发育良好的上胚轴。

c. 在出土型发芽的一些属(如菜豆属、落花生属)中，应同时具有伸长的上胚轴和下胚轴。

d. 在禾本科的一些属(如玉蜀黍属、高粱属)中,应具有伸长的中胚轴。

③ 具有特定数目的子叶。

a. 单子叶植物具有一片子叶,子叶可为绿色,呈圆管状(葱属),或变形而全部或部分遗留在种子内(如石刁柏、禾本科)。

b. 双子叶植物具有2片子叶,在子叶出土型发芽的幼苗中,子叶为绿色,展开呈叶状;在子叶留土型发芽的幼苗中,子叶为半球形和肉质状,并保留在种皮内。

c. 在针叶树中,子叶数目为2～18枚,通常其发育程度因种而不同。子叶呈绿色、狭长。

④ 具有展开、绿色的初生叶。

a. 在互生叶幼苗中有一片初生叶,有时先发生少数鳞叶,如豌豆属、天门冬属、巢菜属。

b. 在对生叶幼苗中有2片初生叶,如菜豆属。

⑤ 具有一个顶芽或苗端。

⑥ 在禾本科植物中有一个发育良好、直立的胚芽鞘,其中包着一片绿叶延伸到顶端,最后从胚芽鞘中伸出。

(2) 带有轻微缺陷的幼苗。幼苗主要构造出现某种轻微缺陷,但在其他方面能均衡生长,并与同一试验中的完整幼苗相当。有下列缺陷则为带有轻微缺陷的幼苗。

① 初生根。

a. 初生根局部损伤,或生长稍迟缓。

b. 初生根有缺陷,但次生根发育良好,特别是豆科中一些大粒种子的属(如菜豆属、豌豆属、巢菜属、落花生属、豇豆属和扁豆属)、禾本科中的一些属(如玉蜀黍属、高粱属和稻属)、葫芦科中所有属(如甜瓜属、南瓜属和西瓜属)和锦葵科所有属(如棉属)。

c. 燕麦属、大麦属、黑麦属、小麦属和小黑麦属中有一条强壮的种子根。

② 下胚轴、上胚轴或中胚轴局部损伤。

③ 子叶(采用"50%规则")。

a. 子叶局部损伤,但子叶组织总面积的一半或一半以上仍保持着正常的功能,并且幼苗顶端或其周围组织没有明显的损伤或腐烂。

b. 双子叶植物仅有一片正常子叶,但其幼苗顶端或其周围组织没有明显的损伤或腐烂。

④ 初生叶。

a. 初生叶局部损伤,但其组织总面积的一半或一半以上仍保持着正常的功能(采用"50%规则")。

b. 顶芽没有明显的损伤或腐烂，有一片正常的初生叶，如菜豆属。

c. 菜豆属的初生叶形状正常，大于正常大小的 1/4。

d. 具有 3 片初生叶而不是 2 片，如菜豆属。

⑤ 胚芽鞘。

a. 胚芽鞘局部损伤。

b. 胚芽鞘从顶端开裂，但其裂缝长度不超过胚芽鞘的 1/3。

c. 受内外稃或果皮的阻挡，胚芽鞘轻度扭曲或形成环状。

d. 胚芽鞘内的绿叶，没有延伸到胚芽鞘顶端，但至少要达到胚芽鞘的一半。

(3) 次生感染的幼苗。由真菌或细菌感染引起，使幼苗主要构造发病和腐烂，但有证据表明病源不是来自种子本身。

2. 不正常幼苗的鉴定标准 不正常幼苗是指在良好土壤及适宜的水分、温度和光照条件下，不能生长成为正常植株的幼苗。我国种子检验规程把不正常幼苗分为 3 类，即受损伤的幼苗、畸形或不匀称的幼苗和腐烂的幼苗。

(1) 受损伤的幼苗。由机械处理、加热、干燥、冻害及化学处理、昆虫损害等外部因素引起种子伤害，使幼苗构造残缺不全或受到严重损伤，以致不能均衡生长者。例如，子叶或苗端破裂或幼苗其他部分完全分离；下胚轴、上胚轴或子叶有裂缝和裂口；胚芽鞘损伤或顶端破损；初生叶有裂口、缺失或发育受阻等症状。

(2) 畸形或不匀称的幼苗。种子老化等内部因素引起种子发芽的生理紊乱而造成的幼苗生长细弱，或存在生理障碍，或主要构造畸形，或不匀称者。引起生理劣变的因素可出现在种子所处的不同时期，如亲本植物处于不利的生长条件下，种子处于较差的成熟环境，过早收获，除草剂或杀虫剂等的药害，不利的贮藏条件，某些遗传因素或种子自然老化所致等。

不正常幼苗的特征包括初生根生长发育迟缓或过于纤细；下胚轴、上胚轴或中胚轴缩短或变粗，形成环状、扭曲或呈螺旋状；子叶卷曲、变色或坏死；胚芽鞘缩短、畸形或形成裂口、环状、扭曲或呈螺旋状；反向生长(芽弯曲向下，根具有负向地性)；缺乏叶绿素(幼苗黄化或白化)；幼苗过于纤细或呈玻璃透明状水肿。

(3) 腐烂的幼苗。由初生感染(病源来自种子本身)引起，使幼苗主要构造发病和腐烂，并妨碍其正常生长者。

此外，在发芽试验末期仍不发芽的种子，可分为以下几种情况。①硬实，由于不能吸水而在试验末期仍保持坚硬的种子。②新鲜不发芽种子，在发芽试验条件下，既非硬实，又不发芽而保持清洁和坚硬，具有生长成为正常幼苗潜力的种子。此类种子的不发芽由生理休眠所引起。③死种子，在试验末期，既不坚硬，又不新鲜，也不具有生长迹象（生活力）的种子。④其他类型，如空的、无胚或虫蛀的种子。

第六节 包衣种子发芽试验

种子包衣大体分为丸化和包膜，前者经处理后，原有种子形状已经不能分辨。包衣种子的发芽试验可用不脱去包衣材料的净丸化（净包膜）种子和脱去包衣材料的净种子 2 种方法进行试验。如同净度分析一样，后者只在特殊情况下，即应送验者要求或为了核实（或比较）丸化或包膜种子内的净种子发芽能力时才使用。后者与非包衣种子检验程序完全相同，在除去包衣材料过程中不能影响发芽率。

包衣种子的发芽试验，不仅可以测定包衣种子批的发芽潜力，而且可以检验包衣加工过程对种子有无影响。不脱去包衣材料的净丸化种子的发芽试验程序如下。

一、数取试样

除委托检验外，包衣种子发芽试验的试样是从经净度分析后的净丸化（净包膜）种子中分取，先将其充分混合，随机数取 400 粒，设 4 个重复，每个重复 100 粒。

种子带的发芽试验必须在带上进行，不必从制带物质中取下种子。所谓种子带，是指一种带状编织物，具有水溶性或分解性。试验样品由随机取得的带片组成，重复 4 次，每重复至少含 100 粒种子。

二、置床培养

发芽床、发芽温度、光照条件和特殊处理采用 GB/T 3543.4—1995 的规定，见表 4-1。

倘若发芽结果不能令人满意，发芽床最好采用砂床，有时也可用土壤。或者丸化种子采用褶裥纸作发芽床，种子带必须采用纸间的发芽方法。

供水情况依据包衣材料和种子种类而不同。如果包衣材料黏附在子叶上，可在计数时用水小心喷洗幼苗。

三、幼苗计数与鉴定

试验时间可比表 4-1 所规定时间长。但发芽缓慢可能是试验条件不适宜引起，可以设计一个脱去包衣材料的种子发芽试验作为对照。幼苗异常情况可能由丸化或包膜材料所引起，当发生怀疑时，用土壤床进行重新试验。

正常幼苗与不正常幼苗的鉴定标准与非包衣种子相同。一颗丸粒或包膜粒，如果至少能产生送验者所叙述种的一株正常幼苗，即认为具有发芽能力，如果不是送验者所叙述的种子，即使长成正常幼苗，也不能包括在发芽率内。

丸化种子可能含复粒种子构造，或者在一颗丸粒中发现一粒以上种子。在此种情况下，应把这些颗粒作为单粒种子试验。用至少产生一株正常幼苗或丸粒百分率表示。对产生 2 株或 2 株以上的丸粒，要分别计算其颗粒并记录。

四、结果计算、表示与报告

发芽结果以粒数的百分率表示。用种子带进行发芽试验时，要测定种子带总长度（或面积），记录正常幼苗总数，计算每米（或每平方米）的正常幼苗数。结果报告按 GB/T 3543.4—1995 的规定填写。

第五章 种子水分测定

第一节　种子水分的定义及测定的重要性

一、种子水分的定义

种子水分是指按规定程序把种子样品烘干所失去的重量占供检样品原始重量的百分率。通常用以湿重为基数的水分的百分率表示。

$$种子水分(\%)=\frac{试样烘前重(g)-试样烘后重(g)}{试样烘前重(g)}\times 100 \tag{5-1}$$

二、种子水分测定的重要性

种子研究和生产实际经验表明，种子水分与种子成熟度、收获的最佳时间、安全包装、人工干燥的合理性、人为和自然伤害（热害、霜冻、病虫害）、机械损伤因素等有密切的关系，所以测定和控制种子水分是保证种子质量的重要方面。

随着农业现代化的发展，机械收获将会普遍采用。为了避免机械收获伤害种子，收获前应先测定种子水分，当种子水分降低、硬度增加、对机械抗性提高时，才能确定种子的最佳收获时间。在人工干燥种子前，应先测定种子水分，以确定种子干燥的温度、时间和分次干燥方法。在加工后也要测定种子水分，检查水分是否达到要求的标准。种子包装和贮藏前也要了解种子水分，确保种子的安全包装和安全贮藏，以便确定保存时间的长短。在贮藏期间和调运前也需测定种子水分，以确保种子贮藏期间和运输中的安全。

第二节　种子水分测定的理论基础

一、种子水分的性质及其与水分测定的关系

种子中的水分按其特性分为自由水和束缚水 2 种。

(一) 自由水

自由水是生物化学反应的介质，存在于种子表面和细胞间隙内，具有一般水的特性，可作为溶剂，沸点为 100 ℃，冰点为 0 ℃，很容易受外界环境条件的影响，容易蒸发。因此在种子水分测定前，往往采取一些措施尽量防止这种水分的丧失。例如，送检样品必须装在防湿容器中，并尽可能排除其中空气；样品接收后应立即测定（如果样品接收后当天不能测定，应将样品贮藏在 4～5 ℃的冰箱中，不能在低于 0 ℃的冰箱中贮存）；测定过程中的取样、磨碎、称重需操作迅速；避免蒸发（磨碎转速不能过快，磨碎种子这一过程的时间不得超过 2 min）；高水分种子的自由水含量更高，更易蒸发，磨碎的高水分种子必须采用高水分预先烘干法。

(二) 束缚水

束缚水与种子内的亲水胶体如淀粉、蛋白质等物质中的化学基团牢固结合，水分子与这些胶体物质中的化学基团，如羧基、氨基与肽基等以氢链或氧桥相连接，不能在细胞间隙中自由流动，不易受外界环境条件影响。自由水容易蒸发，故种子烘干开始时水分蒸发较快，但随着烘干的进行，由于束缚水被种子内胶体牢固结合，蒸发速度逐渐缓慢，因此用烘干法设计水分测定程序时，应通过适当提高温度（如 130 ℃）或延长烘干时间才能把束缚水蒸发出来。

此外，种子中有些化合物如糖类中，含有一定比例的能形成水分的氢元素和氧元素。通常将种子有机物分解产生的水分（氢元素和氧元素）称为化合水或分解水。这不是真正意义上的水分。如果失掉这种水分，糖类就会分解变质。如果用较高温度（130 ℃）烘干时间过长，或过高的温度（超过 130 ℃），有可能使样品烘焦，释出化合水，而使水分测定百分率偏高。

二、种子油分的性质及其与水分测定的关系

含亚麻酸等不饱和脂肪酸较高的油料种子（如亚麻），如果种子磨碎，或剪碎，或烘干温度过高，不饱和脂肪酸易氧化，不饱和键上结合了氧分子，增加了样品重量，使水分测定结果偏低。因此，应严格控制烘干温度，并且防止磨碎或剪碎。一些蔬菜种子和油料种子含有较

高的油分，油分沸点较低，尤其是芳香油含量较高的种子，温度过高，其芳香油就容易挥发，使样品减重增加，水分百分率偏高。

综上所述，测定种子水分必须保证使种子中自由水和束缚水充分而全部除去，同时尽最大可能减少氧化、分解或其他挥发性物质的损失。据此，要设计好水分测定程序，尤其要注意烘干温度、种子磨碎和种子原始水分等因素的影响。

第三节　标准种子水分测定方法

一、水分测定仪器和设备

1. 恒温烘箱　目前常用的是电热恒温干燥箱（图 5－1），它主要由箱体（保温部分）、加热部分和控温部分组成，温度为 0～200℃或 50～200℃，以数字式显示温度。用于测水分的电烘箱，应绝缘性能良好，箱内各部位温度均匀一致，能保持规定的温度，加温效果良好，即在预热至所需温度后，放入样品，可在 5～10 min 回升至所需温度。

图 5－1　电热恒温干燥箱

图 5－2　磨粉机

2. 粉碎（磨粉）机　磨粉机（图 5－2）需具备以下性能：①用不吸湿的材料制成。②构造为密闭系统，以使磨碎的种子和后来磨碎的样品在磨碎过程中尽最大可能地避免受室内空气的影响。③磨碎速度要均匀，不会因转速太快而使磨碎成分发热；空气对流会引起水分丧失，应使其降低至最低限度。④具孔径为 0.5 mm、1.0 mm、4.0 mm 的金属丝筛。

3. 天平　一般使用精度为 1/1 000 的电子天平。

4. 干燥器　用于冷却烘干后的样品或样品盒。干燥器的盖与底座边缘涂有凡士林，密闭性能良好，打开干燥器时应将盖子向一边平推。干燥器内需放干燥剂，一般为变色硅胶，其吸湿能力为31%,在未吸湿前为蓝色,吸湿后为粉红色,吸湿的变色硅胶可以通过烘干再利用。

5. 样品盒 常用的样品盒为铝盒,直径为 5.5 cm,高度为 2.5 cm,样品重量为 4.5～5.0 g,盒与盖应当标明相同的号码,样品在盒内的厚度不超过 0.3 g/cm^2。

6. 其他用具 玻璃瓶、勺子、坩埚钳、手套、标签等。

二、测定程序

1. 低恒温烘干法 低恒温烘干法是将处理好的样品在(103±2)℃的烘箱内烘 8 h,适用于葱属、芸薹属、辣椒属、棉属、花生、大豆、亚麻、萝卜、芝麻、茄子、蓖麻、向日葵等种子,该法必须在相对湿度低于 70%的室内进行。

(1) 样品盒恒重。在测定种子水分前,将待用样品盒(含盖)洗净后,在 130 ℃条件下烘 1 h,取出放入干燥器内冷却后称重,再继续烘干 30 min,取出放入干燥器内冷却后称重,当 2 次样品盒重量差小于或等于 0.002 g 时,取 2 次重量的平均值。否则继续烘干至恒重。

(2) 预调烘箱温度。如烘干温度为(103±2)℃,烘箱温度可以预先调至 110～115 ℃。因为在样品放入烘箱过程中,温度会下降,预先调高温度可使温度快速回升并控制在所需的温度。

(3) 取样与样品的制备。供水分测定的送验样品的重量:需要磨碎的种子不少于 100 g,不需要磨碎的种子不少于 50 g。烘干前必须磨碎的种子种类及磨碎细度见表 5-1。

表 5-1 必须磨碎的种子种类及磨碎细度

作物种类	磨碎细度
燕麦属、水稻、甜菜、黑麦、高粱属、小麦属、玉米	至少有 50%的磨碎成分通过 0.5 mm 筛孔的金属丝筛,而留在 1.0 mm 筛孔的金属丝筛上的不超过 10%
大豆、菜豆属、豌豆、西瓜、巢菜属	粗磨,至少有 50%的磨碎成分通过 4.0 mm 筛孔
棉属、花生、蓖麻	磨碎,切成薄片

取样时先将密闭容器内的样品充分混合,从中分别取出 2 个独立的试验样品 15～25 g,分别放入 2 个磨口瓶中。剩余的送验样品应继续存放在密闭容器内,以备复检。取样勿直接用手触摸种子,应使用勺子。

(4) 称样烘干。将处理好的样品在磨口瓶内充分混合,用精度为 0.001 的天平称取 4.000～5.000 g 试验样品 2 份(分别从 2 个独立的试验样品中取得),分别放入经恒重的样品盒，盒盖垫于盒底部，记下盒号、盒重、样品重，摊平样品，立即放入预先调好温度的烘箱内烘干，样品盒置于距温度计水银球约 2.5 cm 处，迅速关闭烘箱门，待箱温回升到(103±2)℃时开始计算时间，烘 8 h[《国际种子检验规程》中为(17±1)h]。用坩埚钳或戴上手套盖好盒盖(在箱内加盖)，取出后放入干燥器内冷却至室温(30～45 min)，称重。

(5) 结果计算。

$$\text{种子水分}(\%)=\frac{m_2-m_3}{m_2-m_1}\times 100 \tag{5-2}$$

式中，m_1 为样品盒和盖的重量(g)；m_2 为样品盒和盖及样品的烘前重量(g)；m_3 为样品盒和盖及样品的烘后重量(g)。

2 次测定的差距不超过 0.2%，否则重测。测定结果在结果报告栏中的精确度为 0.1%。

2. 高恒温烘干法　该方法是将样品置于 130～133 ℃的条件下烘干 1 h。该法适用于芹菜、石刁柏、燕麦属、甜菜、西瓜、甜瓜属、南瓜属、胡萝卜、甜荞、苦荞、大麦、莴苣、番茄、苜蓿属、草木樨属、烟草、水稻、黍属、菜豆属、豌豆、鸦葱、黑麦、狗尾草属、高粱属、菠菜、小麦属、巢菜属和玉米。其程序与低恒温烘干法类似，但烘干温度和时间不同。

首先将烘箱预热到 140～145 ℃，打开箱门 5～10 min 后，烘箱温度须保持在 130～133 ℃，样品烘干时间为 1 h(《国际种子检验规程》规定玉米烘 4 h，其他禾谷类 2 h，其他作物种子 1 h)。高恒温烘干法应严格控制烘干温度和时间，如温度过高或时间过长，易使种子的干物质氧化，使测定水分含量偏高。测定时对实验室的相对湿度没有特殊要求。

3. 高水分预先烘干法　该方法也叫二次烘干法。此法适用于需磨碎或切片的高水分种子，当禾谷类种子水分超过 18%，豆类和油料种子水分超过 16%时，为高水分种子，必须采用高水分预先烘干法，因为高水分种子难以磨碎到规定的细度，而且在磨碎过程中容易丧失水分，所以需采用二次烘干法。先将种子整粒初步烘干，然后进行磨碎或切片，再测定水分。

称取 2 份样品(25.00±0.02)g，置于直径大于 8 cm 的样品盒内，在(103±2)℃烘箱中预烘 30 min，油料种子在 70 ℃预烘 1 h。取出后在室内冷却后称重，然后立即将这 2 个半干样品分别磨碎，将磨碎物各取 1 份样品按低恒温烘干法或高恒温烘干法进行测定。

计算公式有以下 2 种。

(1) 分别计算 2 次烘干各自的水分含量 S_1、S_2，再根据式(5-3)计算种子样品的水分。

$$\text{种子水分}(\%)=S_1+S_2-\frac{S_1\times S_2}{100} \tag{5-3}$$

式中，S_1 为第1次整粒种子烘后失去的水分(%)；S_2 为第2次磨碎种子烘后失去的水分(%)。

注意：计算时 S_1、S_2 不带百分号。

(2) 直接代入式(5-4)计算。

$$种子水分(\%)=\frac{m_1\times m_3-m_2\times m_4}{m_1\times m_3}\times 100 \tag{5-4}$$

式中，m_1 为整粒样品的重量(g)；m_2 为整粒样品预烘后的重量(g)；m_3 为磨碎试验样品的重量(g)；m_4 为磨碎试验样品烘后的重量(g)。2个重复间的允许误差为0.2%，超过需重做。

三、结果报告

如果一个样品2次测定之间的误差不超过0.2%，其结果可用2次测定结果的算术平均数表示，否则，需重做2次测定。结果填报在检验结果报告单的规定空格中，精确度为0.1%。

第四节　种子水分快速测定方法

种子水分快速测定主要采用电子仪器，可分为电阻式、电容式、红外、近红外和微波式。我国目前应用的电子水分仪以电阻式和电容式较普遍。

一、电阻式水分测定仪

目前我国常用的电阻式水分测定仪有KLS-1型粮食水分测试仪、TL-4型钳式粮食水分测试仪和日本Kett L型数字显示谷物水分测定仪等。

1. 测定基本原理　种子中含有水分，其含量越高，导电性越大。在一闭合电路中，当电压不变时，则电流强度与电阻成反比。如把种子作为电阻接入电路中，种子水分越低，电阻越大，电流强度越小；反之，则电流强度越大。因此种子水分与电流强度呈正相关的线性关系。

这样只要有不同水分的标准样品，就可在电表上刻出标准水分与电流量变化的对应关系，即把电表的刻度转换成相应水分的刻度，或者经电路转换、数码管显示，就可直接读出水分的百分率。

各种作物种子由于化学成分不同，束缚水的含量、可溶性物质的含量和种类各不相同，因此，每种作物种子应有相应的刻度线，或者在仪器上设有作物种类选择旋钮。同时，电阻是随着温度的高低而变化的，随着温度的升高，被溶解的物质离子运动加快，在相同含水量的条件下，电阻降低，电流提高，读数值增高；相反，读数值降低。因此，在不同温度条件下测定种子水分，还需进行温度校正。但有些水分测定仪，如日本 Kett L 型数字显示谷物水分测定仪已用热敏补偿方法来解决，所以不需要再进行温度校正。

2. Kett L 型数字显示谷物水分测定仪　该水分测定仪的内部装有微型计算器，可对样品和仪器温度进行自动补偿与感应调节，不需换算就可测定水稻、小麦、大麦等 5 种谷物的水分。该仪器构造如图 5－3 所示。测定精确度为±0.1%。温度补偿为对偶自动补偿。水稻、大小麦测量范围分别为 11%～30%和 10%～30%。

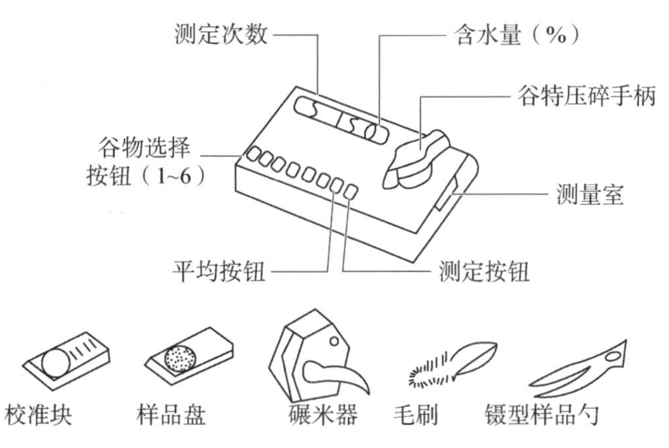

图 5－3　Kett L 型数字显示谷物水分测定仪的构造和附件

二、电容式水分测定仪

生产实践证明，电容式水分测定仪是较好的电子水分速测仪，得到广泛使用。

1. 测定基本原理　电容是表示导体容纳电量多少的物理量。若将种子放入电容器中，其电容量跟组成它的导体大小和形状、两导体间相对位置及两导体间的电解质有关。如图 5－4 所示，当传感器（电容器）中种子高度（h）、外筒内径（D）、内圆柱外径（d）一定时，则传感器的电容量（C）为：

$$C=\frac{0.24\varepsilon h}{\log\left(\frac{D}{d}\right)} \qquad (5-5)$$

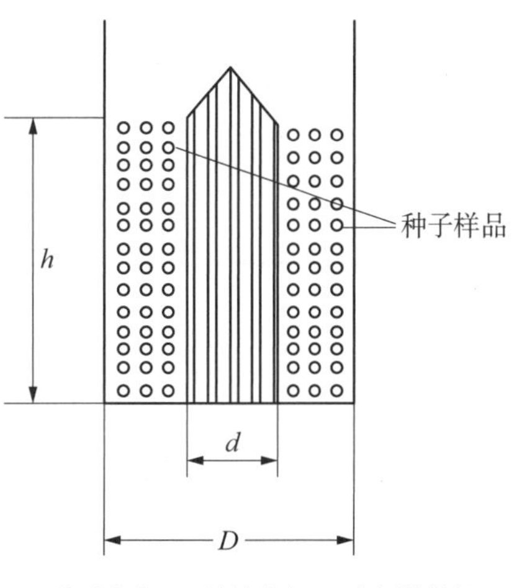

h. 种子高度；D. 外筒内径；d. 内圆柱外径。

图 5－4　传感器的构造

把电介质放入电场中，就出现电介质的极化现象，结果使原有电场的电场强度被削弱。被削弱后的电场强度与原电场强度的比叫作电介质的介电常数(ε)。各种物质的介电常数不同，空气为1.000585，种子干物质为10，水为81。

当被测种子样品放入传感器中时，传感器的电容量数值将取决于该样品的介电常数，而种子样品的介电常数主要随种子水分的高低而变化，因此，通过测定传感器的电容量，就可间接地测出被测样品的水分。

如果将传感器接入一个高频振荡回路中，种子样品水分的变化通过传感器和振荡回路变为振荡频率的变化，再经混频器输出差频信号，然后经放大整形，计数译码，就可直接显示出种子样品的水分百分率数值。

2. 主要仪器 目前，电容式水分测定仪的类型很多，如PM－8188凯特水分仪(图5－5)、DSR型电脑水分仪(图5－6)等。

图5－5 PM－8188凯特水分仪

图5－6 DSR型电脑水分仪

三、红外、近红外水分测定仪

近年来，红外、近红外技术也应用于种子水分测定，如SFY系列红外水分测定仪(图5－7)是利用烘干称重法研制的水分速测仪器，以长波红外线作为辐射源快速干燥样品，直接比较干燥前后样品质量的变化求取含水量。取样、干燥、测定一机操作完成，测定精度高、操作简便，同时不受环境或温湿度等影响。此外，还有核磁共振水分测定仪、卤素水分测定仪、微波式水分测定仪。

图5－7 SFY系列红外水分测定仪

第六章 品种真实性和纯度室内鉴定

第一节　品种真实性和纯度室内鉴定概述

一、品种鉴定的含义及意义

1. 真实性和纯度的含义　品种鉴定包括种子的真实性(seed genuineness)和品种纯度(varietal purity)检验，这 2 个指标与品种的遗传基础有关系，属于品种的遗传品质。

种子的真实性是指一批种子所属品种、种或属与文件描述是否相符合。如果种子的真实性有问题，品种纯度检验就毫无意义了，真实性鉴定的是种子样品的真假。

品种纯度是指品种个体与个体之间在特征特性方面典型一致的程度，用本品种的种子数(或株、穗数)占供检验本作物样品种子数的百分率表示。纯度是鉴定品种一致性程度的高低。

当测定送验者所送样品的特性，确定其所属的种或品种时，只有当送验者对样品所属的种或品种已有说明，并具有可用于比较的标准样品时，鉴定才有效。供比较的性状可以是形态性状、生理生化特性、遗传学特性、化学特性等方面。

2. 真实性和纯度鉴定的意义　种子的真实性和品种纯度是保证良种优良遗传特性得以充分发挥的前提，是正确评定种子等级的重要指标。因此，种子的真实性和品种纯度检验在种子生产、加工、贮藏及经营贸易中具有重要意义和应用价值。研究表明，玉米种子纯度每降低 1%，造成的减产幅度约 1%。在杂交稻种子生产中，亲本纯度每降低 1%，制种田纯度就会下降 6%～7%，粮食生产就会减产 10%左右。在农业生产中，除品种纯度的影响外，假种子的影响更大，有时会造成绝产。

二、品种鉴定的方法分类

种子的真实性和品种纯度鉴定方法根据其所依据的鉴定原理不同，主要可分为形态鉴定、物理化学法鉴定、生理生化法鉴定、细胞学方法鉴定和分子生物学方法鉴定等。根据鉴定场所分类有田间检验和室内检验方法。还可依据检验的对象分为种子纯度测定、幼苗纯度测定、植株纯度测定。无论哪一种分类方法，在实际应用中，理想的鉴定方法需达到5个要求：结果正确、重演性好、方法简单、省时快速、成本低廉。总之，要求测定方法准确可靠，简单易行。

在《国际种子检验规程》和我国《农作物种子检验规程》中，室内鉴定包括种子（籽粒）形态鉴定、快速鉴定（物理和化学鉴定）、幼苗鉴定、电泳鉴定等传统的检测方法。实践中，DNA分子标记指纹技术应用已很广泛。此外，也有研究应用高效液相色谱法、种子荧光扫描法、免疫血清等技术鉴定品种的。各种实验室鉴定方法在准确性、经济性和可操作性等方面均有不同程度的差异，可根据实际检验目的和要求来选择合适的技术方法。品种真实性纯度测定的送验样品的最小重量应符合表6-1的规定。

表6-1　品种真实性纯度测定的送验样品的最小重量(单位:g)

种类	真实性		纯度	
	实验室测定	实验室和小区种植	实验室测定	实验室和小区种植
玉米等大粒种子	100	200	500	1 000
小麦等中粒种子	50	100	250	500
甜菜等小粒种子	25	50	125	250

注：根据不同的方法和试验精度要求，以上样品重量可作相应调整。

依据测定原理可以将纯度鉴定方法分成以下5类。

1. 形态鉴定　又分为籽粒形态鉴定、种苗形态鉴定和植株形态鉴定。籽粒形态鉴定虽简单快速，但仅适合于籽粒较大、形态性状丰富的作物，如玉米种子，测定结果受主观影响较大。种苗形态鉴定适合于幼苗形态性状丰富的作物，如十字花科、豆科等双子叶植物，种苗形态鉴定一般需要7～30 d，因为苗期所依据的性状有限，所以测定结果不太准确。植株形态鉴定依据的性状较多，测定结果较准确，如田间纯度检验和田间小区种植鉴定都属于植株形态鉴定，但植株形态鉴定需要的时间较长，难以满足在调种过程中快速测定的需要。

2. 物理化学法鉴定　分为物理方法和化学方法。物理方法(physical method)如荧光鉴定法(fluorescence test)等，这些方法能区别品种的种类较少，难以满足品种纯度准确鉴定的要求。化学方法(chemical method)主要依据化学反应所产生的颜色差异区分不同品种，如苯酚染色法、碘化钾染色法等。同物理方法一样，化学方法区别品种的种类较少，也难以对品种纯度准确鉴定。但这类方法的测定速度快，在实际中有一定的利用价值。

3. 生理生化法鉴定　是利用生理生化反应和生理生化技术进行品种纯度的测定。这类方法中包括的技术较多，以生理生化反应为基础的有愈伤木酚染色法、光周期反应鉴定法、除草剂敏感性鉴定法等。这些方法鉴别品种的能力较低，因此鉴定结果不太准确。以生理生化技术为基础的方法有电泳法鉴定、色谱法鉴定、免疫技术鉴定等。色谱法的技术含量较高，免疫技术需要大量技术开发研究，目前两者难以在生产实际中广泛应用。电泳法相对简单，依据蛋白质或同工酶电泳，可以相对准确地鉴定品种纯度，是目前品种纯度鉴定中较为快速准确的方法。

4. 细胞学方法鉴定　细胞学方法主要依据染色体数量和结构变异、染色体带型差异及细胞形态的差异区分种及品种，在品种纯度测定中的应用价值不大。

5. 分子生物学方法鉴定　分子生物学方法种类非常多，它是在 DNA 和 RNA 等分子水平上鉴别不同品种。目前在品种检测中最常用的分子技术主要有简单序列重复（SSR）、随机扩增多态性 DNA（RAPD）、简单序列重复区间（ISSR），以及近年来发展较快的单核苷酸多态性（SNP）等技术。分子技术在品种 DNA 指纹的制作方面具有广泛的用途，在品种纯度检测方面有着广阔的前景。

第二节　品种纯度的形态鉴定

品种纯度的形态鉴定是纯度鉴定中最基本的方法，种子形态鉴定、种苗形态鉴定具有简单、快速的特点。

一、种子形态鉴定

种子（籽粒）形态鉴定特别适合于籽粒形态性状丰富、粒型较大的作物。在鉴定时应注意由环境影响引起变异的籽粒性状。同时该方法易受主观因素的影响，种子检验员需积累丰富的经验。

形态性状的鉴定，如有必要可借助一些放大设备。

1. 鉴定方法　随机从送验样品中数取 400 粒种子，鉴定时需设重复，每个重复 100 粒种子。逐粒观察种子的形态特征，必要时可借助放大镜等工具，必须备有标准样品或鉴定图片和有关资料。检测颜色性状时，种子应放在白炽光或者特定光谱如紫外线下。区分出本品种和异品种种子，计数，并按式（6－1）计算品种纯度。

$$品种纯度(\%)=\frac{供检种子数-异品种种子数}{供检种子数}\times 100 \qquad (6-1)$$

测定结果(x)是否符合国家种子质量标准值或标签值(a)要求，可查表6-2判别。如果$|a-x|\geqslant$容许差距，说明不符合国家种子质量标准值或标签值要求。

例如，杂交玉米种子纯度的国家标准为96.0%，查表6-2：规定值96%，$n=400$株时，容许差距为1.6%。如抽检结果为94.5%，与规定值比，1.5%<1.6%，表明这批玉米种子是合格的。

表6-2　品种纯度的容许差距(%)(5%显著水平的一尾测定)

标准规定值		样本株数、苗数或种子粒数							
50%以上	50%以下	50	75	100	150	200	400	600	1000
100	0	0.0	0.0	0.0	0.0	0.0	0.0	0.0	0.0
99	1	2.3	1.9	1.6	1.3	1.2	0.8	0.7	0.5
98	2	3.3	2.7	2.3	1.9	1.6	1.2	0.9	0.7
97	3	4.0	3.3	2.8	2.3	2.0	1.4	1.2	0.9
96	4	4.6	3.7	3.2	2.6	2.3	1.6	1.3	1.0
95	5	5.1	4.2	3.6	2.9	2.5	1.8	1.5	1.1
94	6	5.5	4.5	3.9	3.2	2.8	2.0	1.6	1.2
93	7	6.0	4.9	4.2	3.4	3.0	2.1	1.7	1.3
92	8	6.3	5.2	4.5	3.7	3.2	2.2	1.8	1.4
91	9	6.7	5.5	4.7	3.9	3.3	2.4	1.9	1.5
90	10	7.0	5.7	5.0	4.0	3.5	2.5	2.0	1.6
89	11	7.3	6.0	5.2	4.2	3.7	2.6	2.1	1.6
88	12	7.6	6.2	5.4	4.4	3.8	2.7	2.2	1.7
87	13	7.9	6.4	5.5	4.5	3.9	2.8	2.3	1.8
86	14	8.1	6.6	5.7	4.7	4.0	2.9	2.3	1.8
85	15	8.3	6.8	5.9	4.8	4.2	3.0	2.4	1.9
84	16	8.6	7.0	6.1	4.9	4.3	3.0	2.5	1.9
83	17	8.8	6.5	6.2	5.1	4.4	3.1	2.5	2.0
82	18	9.0	7.3	6.3	5.2	4.5	3.2	2.6	2.0
81	19	9.2	7.5	6.5	5.3	4.6	3.2	2.6	2.1
80	20	9.3	7.6	6.6	5.4	4.7	3.3	2.7	2.1
79	21	9.5	7.8	6.7	5.5	4.8	3.4	2.7	2.1
78	22	9.7	7.9	6.8	5.6	4.8	3.4	2.8	2.2
77	23	9.8	8.0	7.0	5.7	4.9	3.5	2.8	2.2
76	24	10.0	8.1	7.1	5.8	5.0	3.5	2.9	2.2
75	25	10.1	8.3	7.1	5.8	5.1	3.6	2.9	2.3
74	26	10.2	8.4	6.5	5.9	5.1	3.6	3.0	2.3

续　表

标准规定值		样本株数、苗数或种子粒数							
50%以上	50%以下	50	75	100	150	200	400	600	1000
73	27	10.4	8.5	7.3	6.0	5.2	3.7	3.0	2.3
72	28	10.5	8.6	7.4	6.1	5.2	3.7	3.0	2.3
71	29	10.6	8.7	7.5	6.1	5.3	3.8	3.1	2.4
70	30	10.7	8.7	7.6	6.2	5.4	3.8	3.1	2.4
69	31	10.8	8.8	7.6	6.2	5.4	3.8	3.1	2.4
68	32	10.9	8.9	7.7	6.3	5.5	3.8	3.2	2.4
67	33	11.0	9.0	7.8	6.3	5.5	3.9	3.2	2.5
66	34	11.1	9.0	7.8	6.4	5.5	3.9	3.2	2.5
65	35	11.1	9.1	7.9	6.4	5.6	3.9	3.2	2.5
64	36	11.2	9.1	7.9	6.5	5.6	4.0	3.2	2.5
63	37	11.3	9.2	8.0	6.5	5.6	4.0	3.3	2.5
62	38	11.3	9.2	8.0	6.5	5.7	4.0	3.3	2.5
61	39	11.4	9.3	8.1	6.6	5.7	4.0	3.3	2.5
60	40	11.4	9.3	8.1	6.6	5.7	4.0	3.3	2.5
59	41	11.5	9.4	8.1	6.6	5.7	4.1	3.3	2.6
58	42	11.5	9.4	8.2	6.7	5.8	4.1	3.3	2.6
57	43	11.6	9.4	8.2	6.7	5.8	4.1	3.3	2.6
56	44	11.6	9.5	8.2	6.7	5.8	4.1	3.4	2.6
55	45	11.6	9.5	8.2	6.7	5.8	4.1	3.4	2.6
54	46	11.6	9.5	8.2	6.7	5.8	4.1	3.4	2.6
53	47	11.6	9.5	8.2	6.7	5.8	4.1	3.4	2.6
52	48	11.7	9.5	8.3	6.7	5.8	4.1	3.4	2.6
51	49	11.7	9.5	8.3	6.7	5.8	4.1	3.4	2.6
50		11.7	9.5	8.3	6.7	5.8	4.1	3.4	2.6

2. 核查容许差距　品种纯度是否达到国家种子质量标准、合同和标签的要求，可查表6－2进行判别。

如果在表6－2中查不到，可用式(6－2)进行计算。

$$容许差距(T)=1.65\sqrt{p\times q/n} \qquad (6-2)$$

式中，p 为标准值或标签值；q 为 $100-p$；n 为样品的粒数或株数。

【例6－1】小麦大田用种的纯度，国家标准规定为99.0%，试验样品为400粒种子，则 $p=99.0$。

【例6－2】纯度为90.0%，种植78株，表6－2查不到，那么 $p=90$，$q=10$，$n=78$，根据

式(6-2)计算，$T=5.6$。

3. 鉴定所依据的性状　水稻种子根据谷粒的形状、长宽比、大小、稃壳和稃尖色、稃毛长短、稀密、柱头夹持率等性状进行鉴定。

玉米种子根据粒型(马齿型、半马齿型、硬粒型)，粒色(白色、黄色、红色、紫色)深浅，粒顶部形状，顶部颜色及粉质多少，胚的大小、形状，胚部皱褶的有无、多少，花丝遗迹的位置与明显程度，稃色(白色、浅红、紫红)深浅，籽粒上棱角的有无及明显程度等进行区别。在区别自交粒和杂交种(粒)时，主要依据粒色及籽粒顶部颜色。一般可按以下规律区分(图6-1)：粒色和顶部颜色为深色的母本与粒色和顶部颜色为浅色的父本杂交，杂交种粒色和顶部颜色变浅，如'鲁单981'正交(齐319×9801)；相反，粒色和顶部颜色为浅色的母本与粒色和顶部颜色为深色的父本杂交，杂交种子顶部颜色和粒色变深，如'农大108'的反交(178×黄C)。如果是父母本粒色及顶部颜色相同，其杂交种与自交系之间很难通过粒色及顶部颜色区分。除粒色和顶部颜色外，杂交种子的粒型、稃色、棱角、花丝遗迹、胚部性状等均由母本基因控制，与自交粒没有区别。

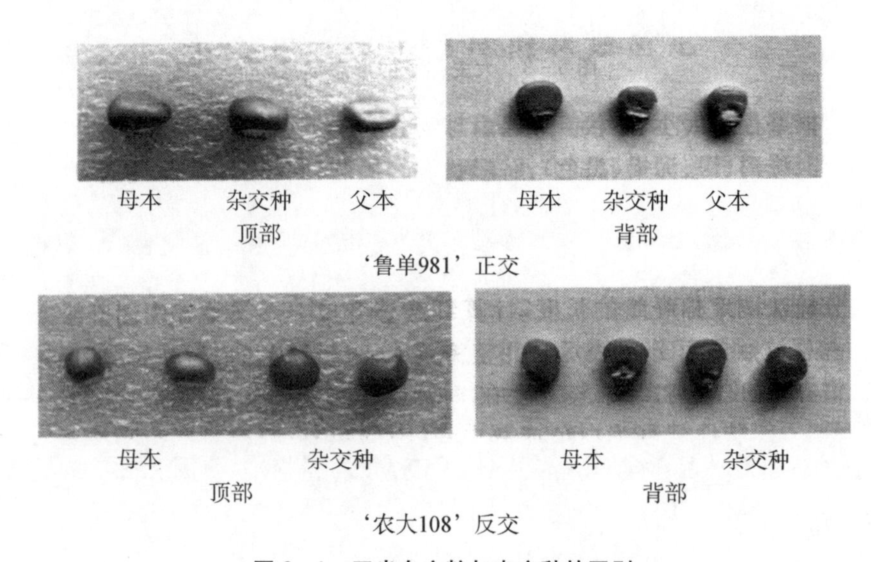

图6-1　玉米自交粒与杂交种的区别

有些性状会受到环境条件的影响，如种子的大小、颜色与种子成熟度有关，因此也会影响鉴定的准确性。

小麦种子根据粒色(白、红)深浅，粒型(短柱形、卵圆形、线形)，质地(角质、粉质)，种子背部性状(宽窄、光滑与否)，腹沟(宽窄、深浅)，茸毛(长短、多少)，胚的大小、突出与否，籽粒横切面的模式，籽粒的大小等性状进行区分(图6-2)。

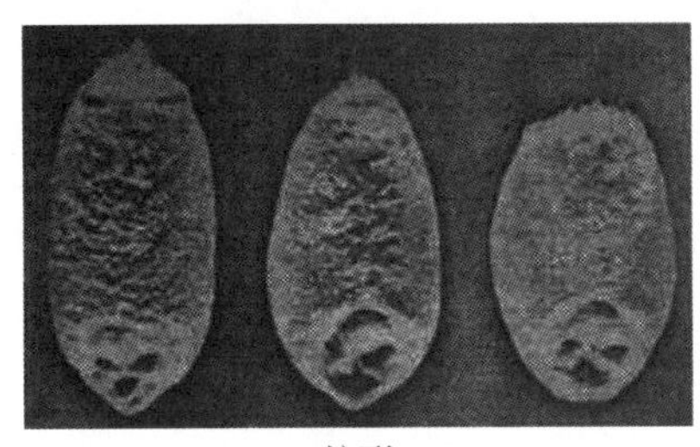

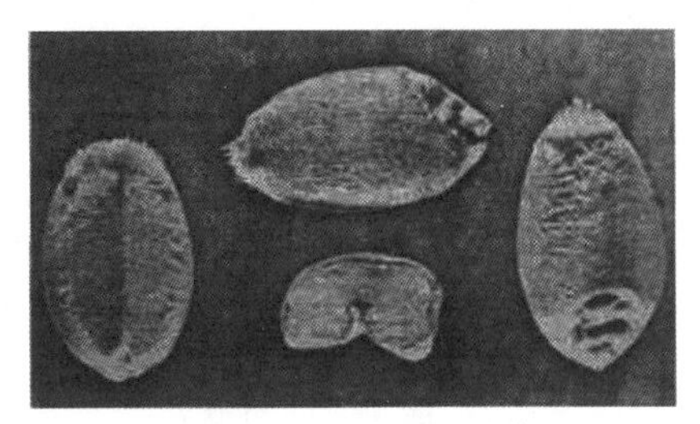

图 6－2　小麦种子的籽粒形态

大豆种子可根据种子大小、形状(球形、扁球形、扁椭球形等)、颜色(黄、青、红、褐、黑)深浅、光泽、种脐(图 6－3)等进行区分。

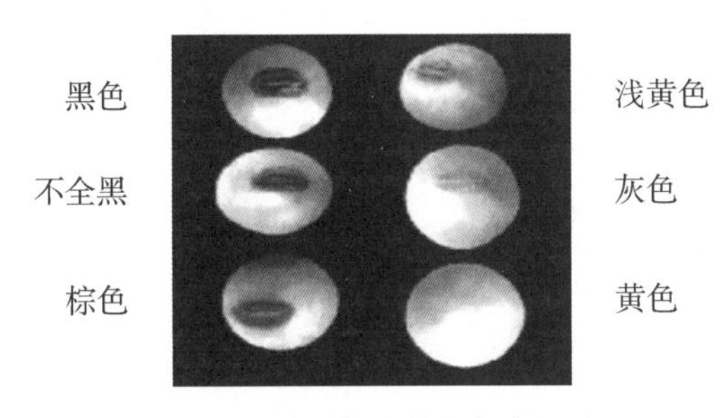

图 6－3　大豆种子种脐的形状和颜色(AOSA，2008)

二、幼苗形态生长箱鉴定

种子应在适当的培养基中进行发芽，随后在温室或培养箱中提供植株加速发育的条件，当幼苗发育到适宜评价的阶段，根据幼苗的形态特征，对幼苗进行鉴定和区分不同的品种；或者在一定的逆境条件下，根据品种对逆境的反应来鉴别不同品种。在进行倍性检验时，可以采用根尖或其他组织的切片进行分析。

方法是随机数取净度分析后的净种子 400 粒，设置重复，每重复 100 粒。在培养室或温室中可以用 100 粒，2 次重复。

1. 禾谷类　利用双亲和杂种一代在苗期表现的某些植物学性状(如幼苗胚芽鞘颜色)，在苗期可以准确地鉴别出杂种和亲本苗(假杂种)，这种容易目测的性状称为“标记性状”或“指示性状”。利用该法可鉴别真假杂种，杂种带有苗期隐性性状，而父本带有相应的显性性状，这样杂交所得的杂种表现显性，可与其母本区别。同时该性状还应不易受环境条件的影响，最好是由一对基因控制的质量性状，如果是数量性状则双亲差异应该显著。

禾谷类作物胚芽鞘和中胚轴的颜色是受遗传基因控制的，可分为绿和紫 2 类，紫色的深浅不一，可根据这一特征，区别不同品种。把种子播于湿润滤纸，适当扩大种子置床间距，24 h光照培养，当幼苗生长到适宜的时期（高粱、玉米 14 d，小麦 7 d，燕麦 10～14 d，水稻 14 d），根据胚芽鞘的颜色进行鉴定。用 1% NaCl 或 HCl 的湿润滤纸培养幼苗，或在鉴定前用紫外线照射幼苗 1～2 h，可以加深胚芽鞘的颜色。特定栽培品种可以通过胚芽鞘的颜色进行鉴定。

玉米品种根据杂种优势原理和质量性状遗传理论，将被检验种子于恒温箱（30 ℃）发芽，观察测定种苗的生长势和质量性状，以鉴定种子的纯度。其在已知品种的前提下区别自交系与杂种较为可靠。

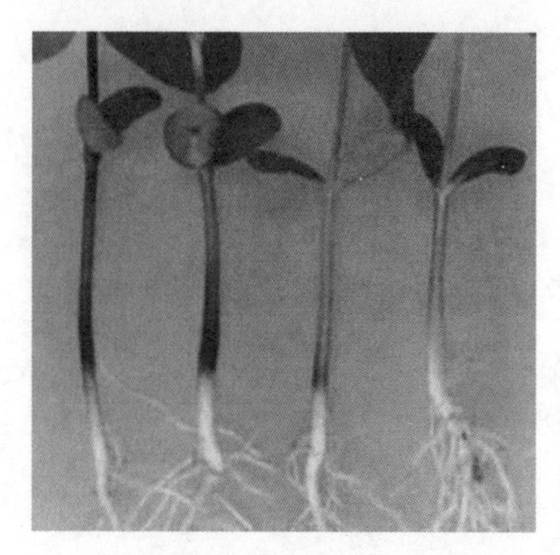

图 6－4　大豆下胚轴颜色为深紫色、紫色、青铜色和绿色（从左至右）（AOSA，2008）

2. 大豆类　根据下胚轴颜色（图 6－4）、茸毛的颜色及着生角度、小叶形状等区分不同品种。将大豆种子播于砂中（种子间隔 2.5 cm×2.5 cm，深度 2.5 cm），在 25 ℃ 条件下光照培养 24 h，每 4 d 施加霍格兰（Hoagland）1 号培养液（在 1 L 蒸馏水中加入 1 mL 1 mol/L 磷酸二氢钾溶液、5 mL 1 mol/L 硝酸钾溶液、5 mL 1 mol/L 硝酸钙溶液和 2 mL 1 mol/L 硫酸镁溶液），至幼苗各种特征表现明显时，观察幼苗下胚轴的颜色（生长 10～14 d），21 d 时检查茸毛的颜色和着生角度及小叶的形状，鉴定和区分不同的大豆品种。

3. 十字花科类　根据子叶与第一片真叶的形态鉴定十字花科的种与变种。十字花科的种或变种在子叶期可根据其子叶大小、形状、颜色、厚度、光泽、茸毛等性状进行鉴别。第一真叶期根据第一真叶的形状（图 6－5）、大小、颜色、光泽、茸毛、叶脉宽狭及颜色、叶缘特性进行鉴别。也可通过控制环境条件，诱导幼苗显现出品种之间遗传特性的差异。

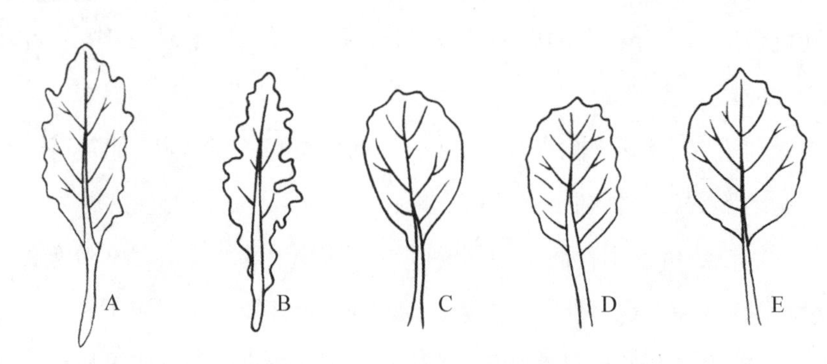

A. 结球甘蓝；B. 花椰菜；C. 抱子甘蓝；D. 羽衣甘蓝；E. 球茎甘蓝。

图 6－5　甘蓝各变种第一真叶的形状

鉴定方法：将种子播于水分适宜的砂盘内，粒距 1 cm，于 20～25 ℃培养，出苗后置于有充足阳光的室内培养，发芽 7 d 后鉴定子叶性状，10～12 d 鉴定真叶未展开时的性状，15～20 d 鉴定第一真叶性状。

第三节　品种纯度的快速鉴定

在品种纯度的鉴定中，通常把物理法鉴定、化学法鉴定等在短时间内鉴定品种纯度的方法归为快速鉴定方法。本节将以纯度鉴定的国际标准和国家标准为依据介绍部分品种纯度快速鉴定方法。

一、苯酚染色法

1. 苯酚染色法的原理　该法已列入 ISTA、AOSA 的品种鉴定手册和我国的检验规程，主要适用于大麦、小麦、燕麦、水稻和禾本科牧草种子。苯酚又名石炭酸，其染色的原理有 2 种观点：一种认为是酶促反应，即在禾谷类种子皮壳内存在的单酚、双酚、多酚，它们在酚酶的作用下被氧化成黑色素($C_{77}H_{99}O_{55}N_{14}S$)。由于每个品种皮壳内酚酶的活性不同，可将苯酚氧化呈现深浅不同的褐色。马圭尔(Maguire)等(1979)和陶嘉龄(1981)都认为苯酚染色是酚类氧化酶引起的。而菲尔索娃(1956)和埃莱凯什(Elekes)(1975)等都认为苯酚染色是一种化学反应。该反应受 Fe^{2+}、Cu^{2+} 等双价离子催化，可加速反应的进行。Na^{+}($NaOH$、Na_2CO_3)等对该反应有抑制作用。其反应如图 6-6 所示。

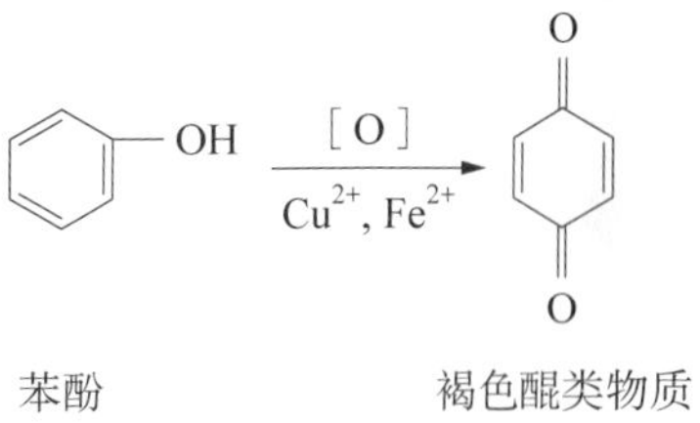

苯酚 —[O]，Cu^{2+}, Fe^{2+}→ 褐色醌类物质

图 6-6　苯酚染色反应

2. 苯酚染色的方法

(1) 麦类。

① 国际标准法。数取净种子 400 粒，每重复 100 粒，按以下方法鉴定。将小麦、大麦、燕麦种子浸水 18～24 h，取出，用滤纸吸干表面水分，放入垫有 1.0%苯酚溶液湿润滤纸的培养皿内(腹沟朝下)，室温下小麦保持 4 h，燕麦 2 h，大麦 24 h 后即可鉴定染色深浅。小麦观察颖果颜色，大麦、燕麦观察内外稃的颜色。一般小麦染后的颜色可分为不染色、淡褐色、褐色、深褐色和黑色 5 级，将与基本颜色不同的种子取出作为异品种。

② 快速法。将小麦种子用 1.0%的苯酚浸 15 min，取出，将种子腹沟向下放入垫有 1.0%苯酚溶液湿润滤纸的培养皿内，并覆盖一层同样经苯酚溶液浸湿的滤纸，盖上盖子，置

于 30～40 ℃培养箱 1～2 h，并根据染色深浅进行鉴定。

(2) 水稻。数取试样净种子 400 粒，每次重复 100 粒，先浸于清水中 6 h，倒去清水，注入 1%苯酚溶液，浸 12 h，取出，用清水冲洗，放在吸水纸上经一昼夜，鉴定种子染色程度。谷粒染色分为不染色、淡茶褐色、茶褐色、深茶褐色、黑色 5 级。此法可以鉴别籼、粳稻，一般籼稻染色深，粳稻不染色或染成浅色。此法也可用于鉴定品种，因为籼、粳型不同品种染色均有深浅之分。但有一点可以肯定，凡不染色者均属粳稻。米粒染色分为不染色、淡茶褐色、褐色 3 级。

二、愈创木酚染色法

1. 愈创木酚染色法的原理 愈创木酚($C_7H_8O_2$)染色法是专门用于大豆品种鉴别的方法。其原理是大豆种皮内含有过氧化物酶，能使过氧化氢分解而放出氧，使无色的愈创木酚氧化而产生红棕色的 4-邻甲氧基对苯醌。种皮内含有的过氧化物酶活性越高，单位时间内产生的红褐色的 4-邻甲氧基对苯醌越多，溶液的颜色越深；反之，颜色越浅。不同品种由于遗传基础不同，过氧化物酶的活性不同，溶液染色的深浅不同，依此可区分不同品种。

2. 愈伤木酚染色的方法 数取大豆种子 2 份，各 50 粒，剥下每粒种子的种皮，分别放入小试管内，加入蒸馏水 1 mL，于 30 ℃浸种 1 h，使酶活化，然后在每支试管中滴入 0.5%的愈创木酚 10 滴，经 10 min 后加 0.1%的过氧化氢 1 滴，经数秒后溶液即呈现颜色，立即鉴定。溶液可分无色、淡红色、橘红色、深红色、棕红色等不同等级，可根据不同颜色鉴别品种，并计算品种纯度。

使用该方法时应注意，剥种皮时的碎整程度要一致，否则会影响染色的深浅，进而影响鉴定结果。最好使用孔径小的打孔器，将种皮打下，这样就会克服种皮大小及碎整程度对染色结果的影响。

三、荧光分析法

荧光分析法的原理是根据不同品种种子和幼苗含有荧光物质的差异，利用紫外线照射物体后有光激发现象，将不可见的短光波转变为可见的长光波。由于光的持久性不同可分成 2 种类型：一种是荧光现象，即紫外线连续照射后物体能发光，当停止照射时，被激发的光也随之停止；另一种是当紫外线停止照射后，激发生成的光在或长或短时期内可继续发光，为磷光现象。用于鉴定品种的主要为荧光。因不同品种和类型种子的种皮结构和化学成分不同，在紫外线照射下发出的荧光波长不同，因而产生不同颜色。鉴定方法有以下 2 种。

1. 种子鉴定法　取试样4份，各100粒，分别排列在黑纸上，置于波长为365nm的紫外分析灯下照射，试样距灯管10～15 cm为佳。照射数分钟后即可观察，根据发出的荧光鉴别品种或类型。例如，蔬菜豌豆发出淡蓝色或粉红色荧光，谷实豌豆发出褐色荧光；白皮燕麦发出淡蓝色荧光，黄皮燕麦发出暗色或褐色荧光；无根茎冰草发出淡蓝色荧光，伏枝冰草（有害杂草）发出褐色荧光。十字花科不同种发出的荧光不同：白菜为绿色，萝卜为浅蓝绿色，白芥为鲜红色，黑芥为深蓝色，田芥为浅蓝色。经氢氧化钾处理，可以区分出无荧光油菜种子中混杂的有荧光野生芥菜种子（图6－7）。

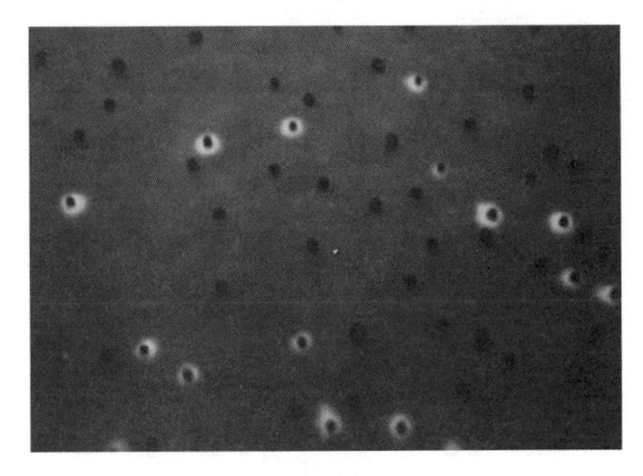

图6－7　混在无荧光油菜种子中的有荧光野生芥菜种子（胡晋等，2022）

2. 幼苗鉴定法　该方法在国际上主要用于黑麦草与多花黑麦草的鉴别。取试样2份，各100粒，置于无荧光的白色滤纸上发芽，粒与粒之间保持一定距离，于20℃恒温或20～30℃变温培养。黑暗或漫射光，发芽床保持湿润，经14 d即可鉴定。将培养皿移到紫外灯下照射，凡黑麦草根际不发光，多花黑麦草则根际发蓝色荧光。羊茅与紫羊茅也可用同样的方法进行鉴定，但在幼苗鉴定前，发芽床上需先用稀氨液喷雾，然后置于紫外灯下照射，羊茅的根发蓝绿色荧光，而紫羊茅则发黄绿色荧光。

第四节　品种纯度的电泳鉴定

一、电泳测定种子纯度的原理

1. 电泳测定种子纯度的遗传基础　电泳测定种子纯度主要是利用电泳技术对品种的同工酶及蛋白质的组分进行分析，找出品种间差异的生化指标，以此区分不同的品种。目前电泳测定种子纯度中主要以同工酶和蛋白质为电泳对象。同工酶是指同一生物体或同一组织中催化相同化学反应，但结构不同的一类酶。从遗传法则“DNA→RNA→蛋白质（酶）”可知，蛋白质或酶组分的差异最终是由品种遗传基础的差异造成的。因此，分析酶及蛋白质的差异，本质是分析遗传的差异，即品种的差异，利用各种电泳技术可非常准确地分析种子蛋白质或同工酶的差异，进而区分不同品种，测定种子纯度。

种子内的蛋白质或同工酶是在种子发育过程中形成的，它只反映了种子形成过程中的遗传差异。因此，有些作物种子中的贮藏蛋白或同工酶品种之间没有差异，这就需要研究哪一类蛋白质（或同工酶）在品种之间存在差异，以此作为该作物品种纯度电泳的对象——生化指标。应该指出的是，同工酶往往具有组织或器官特异性，即同一时期不同器官内同工酶的数目不同。例如，过氧化物酶同工酶在玉米幼苗中有 5 种，叶片中有 5～6 种，干种子里有 2 种。此外，同工酶在不同发育时期，数目也不同。斯堪达利奥斯（Scandalios）（1974）曾列出过 46 种同工酶系统，它们的酶谱皆随发育阶段或营养状况的改变而改变。

在种子贮藏和萌发过程中，某些同工酶的种类数目易随生活力和发育进程的变化而变化，加之种子萌发速度不一致，因此对种子纯度鉴定不利。此外，酶的提取和电泳条件较蛋白质要求严格，必须在低温下进行。因此，在种子纯度鉴定的研究中，以蛋白质电泳为主。

2. 聚丙烯酰胺凝胶电泳的原理 聚丙烯酰胺凝胶电泳简称为 PAGE，是以聚丙烯酰胺凝胶作为支持介质的一种常用电泳技术。聚丙烯酰胺凝胶由单体丙烯酰胺和甲叉双丙烯酰胺聚合而成，聚合过程由自由基催化完成。催化聚合的常用方法有 2 种：化学聚合法和光聚合法。化学聚合法以过硫酸铵（AP）为催化剂，以 N,N,N',N'-四甲基乙二胺（TEMED）为加速剂。在聚合过程中，TEMED 催化过硫酸铵产生自由基，后者引发丙烯酰胺单体聚合，同时甲叉双丙烯酰胺与丙烯酰胺链间产生甲叉键交联，从而形成三维网状结构，具有分子筛效应。聚丙烯酰胺凝胶透明，有弹性，机械强度高，可操作性强，化学稳定性好，对 pH、温度变化稳定。该凝胶属非离子型，没有吸附和电渗现象，通过改变丙烯酰胺和交联剂的浓度可有效控制凝胶孔径的大小。因此，聚丙烯酰胺凝胶在种子纯度电泳分析中被广泛应用。

聚丙烯酰胺凝胶电泳有 2 种形式，即非变性聚丙烯酰胺凝胶电泳（native - PAGE）及 SDS 聚丙烯酰胺凝胶电泳（SDS - PAGE）；在非变性聚丙烯酰胺凝胶电泳的过程中，蛋白质能够保持完整状态，并依据蛋白质的分子质量大小、蛋白质的形状及其所附带的电荷量而逐渐呈梯度分开。

蛋白质（或酶）为两性电解质，在不同 pH 条件下所带电荷数不同。不同的蛋白质（或酶）由于氨基酸的组成不同，其等电点 pI 也不同，在同一 pH 条件下所带电荷也就不同。因此，在电场中受到的作用力大小也就有差异。聚丙烯酰胺凝胶电泳主要依据分子筛效应和电荷效应对蛋白质（酶）进行分离。分子筛效应是指由于蛋白质分子的大小、形状不同，在电场作用下通过一定孔径的凝胶时，受到的阻力大小不同，小分子较易通过，大分子较难通过。随着丙烯酰胺和交联剂浓度的增加，凝胶孔径变小，反之孔径变大。小孔径凝胶适于小分子蛋白质（或酶）的分离，大孔径凝胶适于大分子蛋白质（或酶）的分离。一般相对分子质量

1 万～10 万的蛋白质可用 15%～20%的凝胶，10 万～100 万的蛋白质用 10%左右的凝胶，大于 100 万的可用小于 5%的凝胶。电荷效应是指由于蛋白质所带电荷数不同，受电场的作用力不同，电荷多受到的作用力大，移动较快；反之，较慢。溶液的 pH 与蛋白质的 pI 相差越大，蛋白质所带电荷越多。蛋白质在凝胶中的运动速度与荷质比有着密切关系。经过一定时间的电泳，性质相同的蛋白质就运动在一起，性质不同的蛋白质就得到了分离。

描述蛋白质泳动速度一般用迁移率(m)或相对迁移率(Rf 值)表示。

$$m=\frac{d \cdot l}{V \cdot t} \tag{6-3}$$

式中，m 为迁移率[$cm^2/(V \cdot s)$]；d 为蛋白质谱带移动的距离(cm)；l 为凝胶的有效长度(cm)；V 为电压(V)；t 为电泳时间(s)。

谱带的相对迁移率为：

$$\mathrm{Rf}=\frac{\text{谱带的迁移距离}}{\text{前沿指示剂的迁移距离}} \tag{6-4}$$

3. 等点聚焦电泳的原理　等电聚焦电泳是一种特殊的聚丙烯酰胺凝胶电泳，其特点是凝胶中加入一种称为两性载体(ampholine)的化学试剂，从而使凝胶上产生 pH 梯度环境。处在这种系统中具有不同等电点的各种蛋白质，将根据所处环境的 pH 与其自身等电点的差别，分别带上正电荷或负电荷，并向与它们各自的等电点相当的 pH 环境位置处移动。当泳动至凝胶的某一位置(区带)，而此位置的 pH 正好相当于该蛋白质的等电点(pI)时，由于蛋白质的净电荷为零，即不再移动，从而各自集焦(聚焦)，分别形成一条集中的蛋白质区带(图 6－8)。借此可以鉴定由不同等电点蛋白质或酶所组成的种或品种。这种方法具有很高的分辨率和狭窄清晰的谱带。目前，在德国的种子检验站还开发出双聚焦(double focusing)技术，即在同一块胶板上由上、下 2 个正极分别向中间负极聚焦，一次电泳由原来的加 48 个样提高到 96 个样，节约了胶板成本，提高了工作效率。

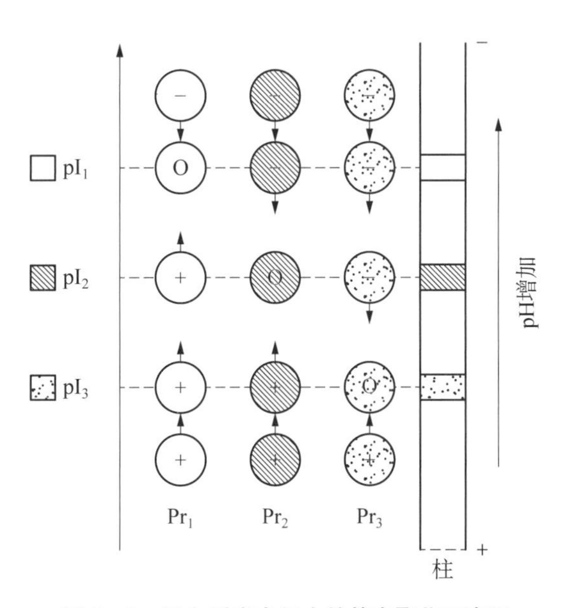

图 6－8　蛋白质在电场中的等电聚焦示意图

二、聚丙烯酰胺凝胶电泳鉴定小麦和大麦品种

1. 原理 从小麦和大麦种子中提取的醇溶蛋白，可以在pH为3.2的聚丙烯酰胺凝胶中在分子筛效应和电荷效应的作用下得到良好的分离。电泳产生的蛋白质带型是由品种的遗传组成决定的，称为品种指纹。品种指纹的差异可以用于品种真实性和纯度鉴定。

一般每个样品测定100粒种子，若要更准确地估测品种纯度，则需更多的种子。如果分析结果要与某一纯度标准值比较，可采用顺次测定法(sequential testing)来确定，即50粒作为一组，必要时可连续测定数组，以减少工作量。如果只鉴定真实性，可以少于50粒。

2. 仪器、设备和试剂

(1) 仪器、设备。电泳仪(满足稳压500V)，合适的垂直电泳系统(如Pharmacia的GE-2/4)，离心机，垂直板电泳槽，钳子，5、10 mL移液管，微量进样器，聚丙烯离心管等。

(2) 试剂。丙烯酰胺、甲叉双丙烯酰胺(BIS)、尿素、乙醇、2-氯乙醇、甘氨酸、焦宁G(或甲基绿)、三氯乙酸、冰醋酸、过氧化氢或过硫酸铵(APS)和*N*，*N*，*N′*，*N′*-四甲基乙二胺(TEMED)、硫酸亚铁、维生素C(抗坏血酸)、单硫丙三醇(或2-巯基乙醇)、PAEG蓝G-90(或PAEG蓝G-83或考马斯亮蓝R-250)等。所有的试剂均需要分析纯或以上级。

(3) 试剂的配制。

① 提取液：a. 小麦为焦宁G 0.05 g(或甲基绿)溶于25 mL 2-氯乙醇(25%)中，加蒸馏水至100 mL。低温保存。b. 大麦为在含有尿素(18%)和单硫丙三醇(或2-巯基乙醇)(1%)的2-氯乙醇(20%)溶液中加入焦宁G(或甲基绿)(0.05%)，加蒸馏水至100 mL。低温保存。

② 电极缓冲溶液：0.4 g甘氨酸用无离子水溶解，加入4 mL冰醋酸，定容至1 000 mL。低温保存。

③ 凝胶缓冲溶液：1.0 g甘氨酸用无离子水溶解，加入20 mL冰醋酸，定容至1 000 mL。低温保存。

④ 0.6%过氧化氢：30%过氧化氢2 mL加蒸馏水定容至100 mL。低温保存。

⑤ 染色液：于100 mL乙醇中加入PAEG蓝G-90(或PAEG蓝G-83或考马斯亮蓝R-250)1 g；再于无离子水中加入100 g三氯乙酸，加水至1 000 mL。

⑥ 凝胶溶液：丙烯酰胺20 g，甲叉双丙烯酰胺0.8 g，尿素12 g，硫酸亚铁0.01 g，抗坏血酸0.2 g，用凝胶缓冲溶液溶解并定容至200 mL。低温保存。

(4) 操作程序。

① 样品提取：取小麦或大麦种子，用钳子逐粒夹碎(夹种子时，最好垫上小片清洁的纸，

以便清理钳头和防止样品间的污染)，置 1.5 mL 离心管中，加入蛋白质提取液(小麦 0.2 mL，大麦 0.3 mL)，充分摇动混合，在室温下提取 24 h，然后在 18 000×g 条件下离心 15 min。取其上清液用于电泳。

② 凝胶制备：从冰箱中取出凝胶溶液和过氧化氢溶液，吸取 10 mL 凝胶溶液，加 1 滴 0.6%过氧化氢，摇匀后迅速倒入封口处，稍加晃动，使整条缝口充满胶液，并在 5～10 min 聚合封好。

吸取 45 mL 凝胶溶液，加 3 滴 0.6%过氧化氢，迅速摇匀，倒入凝胶板之间，马上插好样品梳，使其在 5～10 min 聚合。

③ 进样：小心抽出样品梳，将玻璃板夹在电泳槽上，用滤纸或注射器吸去样品槽中多余的水分，然后用微量进样器吸取 10～20 μL 样品加入样品槽中。

④ 电泳：注入电极液，浸没样品槽。打开电源，将电压逐渐增加到 500V。电泳时，要求在 15～20℃温度下进行。电泳时间可按派罗宁 G 迁移时间来推算，宜为派罗宁 G 移至前沿所需时间的 2 倍(或甲基绿移至前沿所需时间的 3 倍)。

⑤ 染色：将胶板小心取下，在染色液中染色 1～2 d。一般情况不需要脱色，但为使谱带清晰，可用清水冲洗。

⑥ 鉴定：谱带命名可采用相对迁移率法、科纳列夫(Konarev)(1979)的迁移率计算方法或按照雪莉(Shewry)(1979)带型命名方法，根据醇溶蛋白谱带的组成和带型的一致性，并与标准样品电泳图谱相比较，鉴定种子真实性及测定品种纯度。

鉴定时可以根据谱带数目、谱带位置(Rf 值)，甚至谱带的颜色、深浅、宽窄来区别。

第五节　品种纯度的分子标记鉴定

利用分子标记方法鉴定品种纯度是 20 世纪 90 年代迅速发展起来的技术。根据国际植物遗传资源研究所卡普(Karp)等(1997)的分类方法，将目前应用的 DNA 分子标记技术大体分为 3 类，即非 PCR 技术、随机或半随机引物 PCR 技术和特异 PCR(目标位点 PCR)技术。古帕塔(Gupata)等(1999)将 DNA 分子标记技术分为 3 类：第一类是基于杂交的分子标记，如限制性片段长度多态性(restriction fragment length polymorphism, RFLP)和重复数可变的串联重复单位(variable number of tandem repeats, VNTR)。第二类是基于 PCR 技术的分子标记(图 6－9)，如随机扩增多态性 DNA(random amplified polymorphism DNA, RAPD)、特征序列的扩增区域(sequence characterized amplified region, SCAR)、序列标记

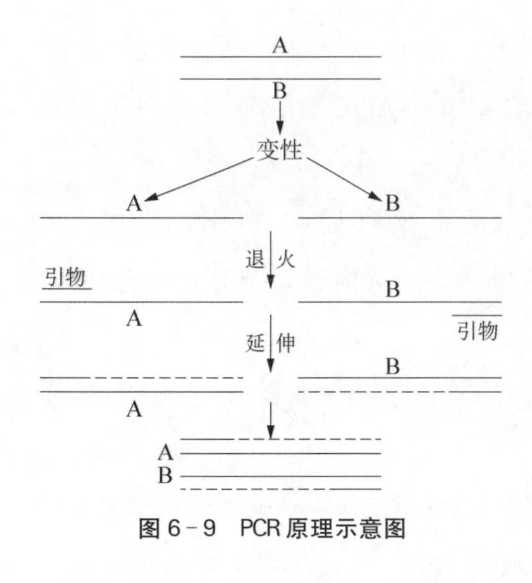

图 6-9 PCR 原理示意图

位点(sequence tagged site, STS)、简单序列重复(simple sequence repeat, SSR)技术、简单序列重复区间(inter-simple sequence repeat, ISSR)和扩增片段长度多态性(amplified fragment length polymorphism, AFLP)技术等。第三类是基于 DNA 序列的分子标记,如单核苷酸多态性(single nucleotide polymorphism, SNP)和表达序列标签(expressed sequence tag, EST)技术。目前在品种检测中常用的分子技术主要有 SSR、ISSR 和 SNP 等技术。

分子标记是在 DNA 水平上对基因型的标记,直接以 DNA 形式表现,数量多、多态性高,在植物的各个组织、各发育时期均可检测到,不受季节、环境限制,不存在表达与否的问题。而且许多分子标记表现为显性或共显性,能够鉴别出纯合和杂合的基因型。分子标记技术克服了其他方法的一些不足,又具有上述优点,在品种纯度检验方面有着广阔的应用前景。

一、限制性片段长度多态性技术

RFLP 是格罗兹克(Grodzicker)等于 1974 年发明的分子标记技术,是检测不同生物个体间基因细微差异的可靠方法。其原理是:生物在长期的自然选择和进化过程中,由于基因内个别碱基的突变及序列的缺失、插入或重排,种、属间 DNA 的核苷酸序列会出现差异,从而使其具有不同的酶切位点。利用限制性内切酶切割不同品种的 DNA 时,产生的 DNA 片段的数目和大小不同。通过电泳,再进行 Southern 杂交,将 DNA 转移到膜上,利用放射性同位素(通常为 ^{32}P)标记的 DNA 探针与支持膜上的 DNA 杂交就能得到 DNA 的限制性片段多态性,从而将不同品种的种子区分开。

RFLP 指纹图谱是最早在 DNA 水平上用于品种鉴别、品种纯度分析的一项技术。自 20 世纪 80 年代将 RFLP 标记应用于植物以来,已被广泛应用于玉米、小麦、大麦、水稻、黄瓜等作物的品种鉴别。RFLP 标记大多数为共显性标记,在分离群体中能区分所有可能的基因型,并且无上位效应,特异性强、准确性高,但其过程烦琐、周期长,操作难度较大,耗费高,同时需要大量纯度较高的 DNA 用于分析,且常常使用同位素,危险性大。这些缺点都限制了 RFLP 技术在种子纯度及品种真实性鉴定中的应用。

二、随机扩增多态性 DNA 技术

RAPD 技术是 1990 年由美国科学家威廉斯(Williams)和韦尔什(Welsh)几乎同时采用 PCR 技术发展起来的。它利用随机引物(一般为 9～10 个碱基)对不同品种的基因组 DNA 进行 PCR 扩增,产生不连续的 DNA 产物,再通过电泳分离检测 DNA 序列的多态性,得到多态性的 DNA 谱带,从而鉴别不同的品种。

RAPD 技术鉴定种子纯度的基本原理是:以该品种 RAPD 图谱中某一特异谱带的出现与否加以判断。RAPD 应用于常规品种种子纯度检验时,要求选择目标品种的 RAPD 图谱中出现而其他常规品种中不出现的 DNA 谱带作为鉴定纯度用的特异谱带。为保证检测结果的真实性和可靠性,寻求特异谱带的研究中通常会选用较多的其他非目标常规品种。

RAPD 引物无种属特异性,一套随机引物可用于不同作物基因组分析。RAPD 技术可以在对物种没有任何分子生物学研究基础的情况下,进行指纹图谱的构建及遗传多样性分析。其快速简便,无放射性污染,成本较低,分辨率高,灵敏度强。用 RAPD 构建基因图谱不需要克隆,不涉及 Southern 杂交、放射自显影等烦琐程序,DNA 用量极少。但 RAPD 标记是一个显性标记,不能区分杂合子与纯合子,试验稳定性和重复性较差。不同引物之间的扩增结果重复性和稳定性相差较大,能够稳定重复的引物相对较少,引物筛选工作量大。用已经筛选出的适合玉米种子纯度及真实性鉴定的引物进行 DNA 指纹分析,比较方便、快捷、准确,但是对于以前未检测过的新品种,要想在短时间内筛选到合适的引物进行鉴定,难度很大。另外,RAPD 存在共迁徙问题,即只能分开不同长度的 DNA 片段,不能分开长度相同但碱基序列不同的片段。因此,在使用此技术时应注意扬长避短。

RAPD 检测种子纯度的实践中,需要经过以下 4 个步骤:种子或种子发芽、DNA 提取、特异引物筛选、RAPD 检测。为了确保 RAPD 标记检测作物种子纯度方法在实践中得到成功应用,必须建立简便快速的 DNA 提取方法。RAPD 标记对反应条件十分灵敏,因此 RAPD 标记检测作物种子纯度时必须使 RAPD 反应标准化、程序化。另外,必须建立每种作物品种种子纯度 RAPD 检测技术操作规程,这样检测结果才准确。

三、扩增片段长度多态性技术

AFLP 技术是 1994 年由荷兰 Keygene 公司的扎博马尔(Zabeaumare)和沃斯皮特(Vospieter)等发明的。其基本原理是将 DNA 用可产生黏性末端的限制性内切核酸酶消化,产生的大小不同的酶切片段与含有共用黏性末端的人工接头连接,作为进一步扩增的模板。根据需要,通过选择在末端上分别增加1～3个选择性核苷酸的不同引物,使引物能选择性识别具有特异配对顺序的内切酶片段,扩增的内切酶片段通过聚丙烯酰胺凝胶电泳分离检测,产生扩增片段长度不同的多态性带型。AFLP是RFLP和PCR相结合的一种技术,既有RFLP的可靠性,又有PCR技术的高效性。通过少量引物就扩增产生了数量丰富的带型,重复性好,分辨率高,且对所需DNA模板浓度的变化不敏感。AFLP技术已被广泛应用于作物遗传育种的各个领域,由于它可以分析基因组较大的作物,其多态性很强,利用放射性标记在变性聚丙烯酰胺凝胶上可检测到100～150个扩增产物,非常适合绘制品种的指纹图谱,鉴定品种的真实性和纯度。美国先锋公司首先应用AFLP技术进行玉米自交系和杂交种的鉴定工作,建立了指纹档案,以保护品种专利。

尽管AFLP技术非常适合品种真实性鉴定和纯度分析,但由于实验对DNA纯度和内切酶的质量要求较高,基因组不完全酶切会影响实验结果,操作程序长、步骤多,并要求很高的实验技能和精密的仪器设备,因而难以在作物种子纯度及真实性鉴定中普及应用。

四、简单序列重复技术

SSR又叫微卫星DNA(microsatellite DNA),由莫尔(Moore)等于1991年创立,是指基因组中由1～6个核苷酸组成的基本单位重复多次构成的一段DNA,广泛分布于基因组的不同位置。它们的长度一般为100～200 bp,其中以二核苷酸为重复单位的微卫星序列最为丰富。由于基本单位重复次数不同,因此SSR座位具有多态性。每个SSR座位两侧一般是相对保守的单拷贝序列,因此可根据两侧序列设计一对特异的引物来扩增SSR序列。经电泳比较扩增带的迁移距离,就可知不同个体在某个SSR座位上的多态性。

SSR是一种较理想的分子标记,它具有以下一些优点:①以孟德尔方式遗传,呈共显性,可以区分纯合基因型和杂合基因型;②具有多等位基因特性,多态性丰富,信息含量高;③数量较为丰富,覆盖整个染色体组;④实验程序简单,耗时短,结果重复性好;⑤易于利用PCR技术分析,所需DNA量少,且对其质量要求不高;⑥技术难度低,实验成本较低;⑦很多引物序列公开发表,易在各实验室交流使用。因此,该技术一经问世,便很快在动植物的遗传分析中得到了广泛的应用。然而,开发和合成新的SSR引物投入高、难度大,需要通过构建SSR基因库,筛选阳性克隆,测定新的SSR序列,设计位点特异性引物。不过现在很多物种都已有现成的、商品化的SSR引物,同时SSR引物的通用性较好,Zhu等(2010)分别用4对、2对、3对豇豆SSR引物的组合,分别鉴定了20个大白菜、10个花椰菜和18个黄瓜品种。目前SSR标记已被广泛应用于玉米、水稻、小麦等农作物杂交种纯度鉴定。我国还制定了稻和玉米的主要农作物品种真实性和纯度 SSR 分子标记检测的国家标准。

五、简单序列重复区间技术

ISSR 是由加拿大蒙特利尔大学齐特基维茨(Zietkiewicz)等于 1994 年创建的一种分子标记技术。其基本原理是在 SSR 的 3′或 5′端加上 2～4 个随机选择的碱基作引物,以引起特定序列点的退火,降低其他可能靶标退火的数目,对反向排列于 SSR 之间的 DNA 序列进行扩增,提高 PCR 扩增反应的转移性。ISSR 标记根据生物广泛存在 SSR 的特点,利用在生物基因组常出现的 SSR 本身设计引物,无须预先克隆和测序,用于扩增的引物一般为 16～18 个碱基序列,由 1～4 个碱基组成的串联重复和几个非重复的锚定碱基组成,从而保证了引物与基因组 DNA 中 SSR 的 5′或 3′端结合,导致位于反向排列、间隔不太大的重复序列间的基因组节段进行 PCR 扩增。其兼具了 SSR、RAPD、RFLP、AFLP 等分子标记的优点:多态性丰富、重复性高、稳定性好、成本低、操作简便快捷、安全性较高,适合大样本检测。由于上述优点,ISSR 技术在植物分子生物学中得到了广泛的应用。

此外,新型分子标记 SNP 技术也被用于品种鉴定。SNP 是指由单个核苷酸碱基的改变而导致的核酸序列的多态性,是在不同个体的同一条染色体或同一位点的核苷酸序列中,绝大多数核苷酸序列一致而只有一个碱基不同的现象。

上述几种 DNA 分子标记技术各有其优缺点。RFLP 标记需要的 DNA 量多,需要利用放射性同位素探针进行 Southern 杂交,程序烦琐且成本高,而且费用大,难以在种子纯度检测中推广应用。而 RAPD 技术成本相对较低,标记需要的 DNA 量少,分析程序简单,但重复性和稳定性较差,在实际应用中仍存在局限性。AFLP 多态性检出率高,样本内个体之间细微的差异都能检测出,因此在利用 AFLP 进行种子纯度鉴定时,容易出现很多假杂株,与实际情况不符,而且 AFLP 操作复杂,试验周期长,对 DNA 质量要求高,因此 AFLP 不太适合应用于种子纯度的快速鉴定。SSR 标记数量丰富,多态性信息量高,呈共显性遗传,既具有所有 RFLP 的遗传学优点,又避免了 RFLP 方法中使用同位素的缺点,且比 RAPD 重复度和可信度高,检测结果准确可靠,重复性好,操作简便、快速。另外,SSR 分子标记技术对 DNA 数量及质量要求不高,即使是部分降解的样品也可进行分析。虽然 SSR 开发费用较高,但目前多种作物中已有一大批现成的公开发表的 SSR 位点引物序列可免费利用。随着主要农作物测序工作的顺利开展,已完成测序作物的 SSR 引物开发费用逐渐降低,且 SSR 引物具有良好的物种间通用性,也可以弥补 SSR 引物开发费用相对较高的缺点。ISSR 标记多态性丰富、重复性高、稳定性好,成本低、操作简便快捷。因此,SSR 和 ISSR 分子技术标记相对能满足作物品种分子标记鉴定和指纹图谱构建的基本要求，有望在种子纯度及品种真实性鉴定中得到广泛应用。几种常用的DNA分子技术特点比较如表6-3所示。

表6-3 几种常用的DNA分子技术特点比较

	RFLP	RAPD	SNP	ISSR	SSR	AFLP
遗传特性	共显性	显性	显性/共显性	显性	共显性	显性/共显性
多态性水平	低	中等	低	中等	中等	高
可检测位点数	1～4	1～10	1	2～20	几十～100	50～200
检测基础	分子杂交	随机PCR	专一PCR	PCR	专一PCR	专一PCR
检测基因组部位	低拷贝区	整个基因组	整个基因组	整个基因组	重复序列区	整个基因组
使用技术难度	中等	易	易	易	易	中等
DNA质量要求	高	低	低	低	低	高
DNA用量	5～10 μg	<50 μg	<50 μg	<50 μg	50 μg	100 μg
是否使用同位素	是	否	否	否	否	否
探针	DNA短片段	随机引物	专一性引物	锚定重复序列	专一性引物	专一性引物
费用	中等	低	高	低	高	高
检测时间	长	短	短	短	短	短
遗传多样性检测	少	普遍	少	普遍	少	一般

第七章 田间检验与小区种植鉴定

第一节　田 间 检 验

一、田间检验的目的和作用

1. 田间检验的目的　田间检验的目的是核查种子田的品种特征特性是否名副其实，以及影响收获种子质量的各种情况，从而根据这些检查的质量信息采取相应的措施，减少剩余遗传分离、自然变异、外来花粉、机械混杂和其他不可预见的因素对种子质量产生的影响，以确保收获时符合规定的要求。

2. 田间检验的作用　一是检查制种田隔离情况，防止由外来花粉污染而造成的纯度降低。二是检查种子生产技术的落实情况，特别是去杂、去雄情况；严格去杂，防止变异株及杂株对生产种子纯度的影响；严格去雄，防止自交粒的产生。三是检查田间生长情况，特别是花期相遇情况；通过田间检验，及时提出花期调整的措施，防止由花期不遇造成的产量和质量降低。四是检查种子的真实性和品种纯度，判断种子生产田生产的种子是否符合种子质量要求，报废不合格的种子生产田，防止低纯度种子对农业生产的影响。

二、田间检验的内容及对田间检验员的要求

1. 田间检验的内容　田间检验的内容因作物种子生产田的种类不同而不同，一般把种子生产田分为常规种子生产田和杂交种子生产田。

生产常规种子的种子田要检查：前作，隔离条件，种子真实性，杂株百分率，其他植物植株百分率，种子田的总体状况（倒伏、健康等情况）。

生产杂交种的种子田要检查：隔离条件，花粉扩散的适宜条件，雄性不育程度，串粉程度，父母本的真实性、品种纯度，适时先收获父本（或母本）。

2. 对田间检验员的要求　田间检验员应通过培训和考核，达到以下要求：熟悉和掌握田

间检验方法及田间标准、种子生产的方法和程序等方面的知识，对被检作物有丰富的知识，熟悉被检品种的特征特性；具备能依据品种特征特性确认种子真实性，鉴别种子田杂株并使之量化的能力；每年保持一定的田间检验工作量，处于良好的技能状态；应独立地报告种子田状况并作出评价，检验结果对委托检验的机构负责。

同时，根据需要，要求检验的各方给予田间检验员提供下列方面的支持：被检种子田的详细信息；小区种植鉴定的前控结果；被检品种有效的品种标准描述；检验必备的其他手段。

三、种子田生产质量要求

不同作物种类和种子类别的生产要求有所不同，其中种子田不存在检疫性病虫害是我国有关法规规定的强制性要求。此外，还要求前作、隔离条件、田间杂株率和散粉株率符合一定的要求。

1. 前作 作为生产种子的田块，要求种子田绝对没有或尽可能没有对所生产的种子产生品种污染的花粉源。就种子田安全生产而言，前作应不存在污染源。前作的污染源通常表现为下列 3 种情况。

(1) 同种的其他品种污染。例如，前茬种植 A 品种的小麦，这茬种植了 B 品种的小麦，那么这茬 B 品种的小麦很可能受到前茬 A 品种再生小麦的污染。

(2) 其他类似植物种的污染。例如，前茬种植某一品种的大麦，这茬种植了某一品种的小麦，那么这茬的小麦很可能受到前茬再生大麦的污染，因为收获后的小麦种子在加工时很难将混入的大麦种子全部清除。

(3) 杂草种子的严重污染。杂草种子有时在大小、形状和重量上与该拟认证种子类似，无法通过加工清选而清除；或者杂草种子可以通过加工而清除，但这需要增加成本，因为在清选杂草种子时不得不把一些饱满种子也清除出去。

油菜种子生产时，若种子田前作为十字花科植物，要求至少间隔 2 年。西瓜种子生产时，要求种子田前作不应有自生植株，不允许重茬栽培。水稻、玉米、小麦、棉花、大豆种子田要求不存在自生植株。

2. 隔离条件 包括空间隔离和时间隔离。空间隔离条件是指与周围附近的田块有足够的距离，没有对生产的种子构成污染的危害。有关空间隔离条件，存在以下 2 种情况：①与同种或相近种的其他品种花粉的隔离；②与同种或相近种的其他品种的防止机械收获混杂的隔离，如欧盟的种子认证方案规定，小麦种子田与另一禾谷类种子田之间必须有物理阻隔或至少有 2 m 宽的沟，以防止机械收获时的混杂。时间隔离是指将同种或相近种的花期错开，避免形成花粉污染。一些作物的隔离要求见表 7－1。

表 7－1　种子田的隔离要求

作物名称	类　别	空间隔离(m)	时间隔离(d)
水稻	常规种、保持系、恢复系	20～50	15
	不育系	500～700	25
	制种田	200(籼)，500(粳)	20
玉米	自交系	500	40
	制种田	200	40
小麦	常规种	25	
棉花	原种	300	
大豆	原种	30	
西瓜	常规种	200	
	杂交种	300	
油菜	原种	800	
	杂交种		

生产水稻常规种、保持系和恢复系原种要求空间隔离至少 50 m；生产水稻常规种、保持系和恢复系大田用种要求空间隔离至少 20 m；生产不育系原种要求空间隔离至少 700 m，大田用种为 500 m；籼型杂交稻制种田要求空间隔离 200 m；粳型杂交稻制种田要求空间隔离 500 m。这些条件符合《籼型杂交水稻三系原种生产技术操作规程》(GB/T 17314—2011)的规定。

3. 田间杂株率和散粉株率　主要农作物的田间杂株率和散粉株率要求见表 7－2。

表 7－2　主要农作物的田间杂株率和散粉株率

作物名称	类　别			杂株(穗)率(%)不高于	散粉株率不超过
水稻	常规种	原种		0.08	—
		大田用种		0.10	—
	不育系、保持系、恢复系	原种		0.01	—
		大田用种		0.08	—
	杂交种	大田用种	父本	0.10	任何一次花期检查 0.2%或 2 次花期检查累计 0.4%
			母本	0.10	
玉米	原种			0.01	0.01%
	亲本			0.10	0.10%
	杂交种			0.50	母本散粉株率 1.0%，父本杂株散粉株率 0.5%

续 表

作物名称	类 别		杂株(穗)率(%)不高于	散粉株率不超过
小麦	原种		0.10	
	大田用种		1.00	
棉花	原种		1.00	
	大田用种		5.00	
大豆	原种		0.10	
	大田用种		2.00	
油菜	亲本	原种	0.10	
		大田用种	2.00	
	制种田	大田用种	0.10	
西瓜	亲本	原种	0.10	
		大田用种	0.30	
	制种田	大田用种	0.10	

四、田间检验时期

田间检验是在农作物生长发育期间根据品种的特征特性对种子田进行检验，最好是在作物典型性状表现最明显的时期，即在苗期、花期、成熟期进行。常规种至少在成熟期检验一次；杂交水稻、杂交玉米、杂交高粱和杂交油菜花期必须检验；蔬菜作物在商品器官成熟期（如叶菜类在叶菜成熟期，果荚类在果实成熟期，根茎类在直根、根茎、块茎、鳞茎成熟期）必须检验。具体时期与要求见表7-3和表7-4。

表7-3 主要大田作物品种纯度田间检验时期

作物种类	检验时期			
	第一期		第二期	第三期
	时期	要求	时期	时期
水稻	苗期	出苗1个月内	抽穗期	蜡熟期
小麦	苗期	拔节期	抽穗期	蜡熟期
玉米	苗期	出苗1个月内	抽穗期	成熟期
花生	苗期		开花期	成熟期
棉花	苗期		现蕾期	结铃盛期
谷子	苗期		穗花期	成熟期
大豆	苗期	2～3片真叶	开花期	结实期
油菜	苗期		薹花期	成熟期

表7-4　主要蔬菜作物品种纯度田间检验时期

作物种类	检验时期							
	第一期		第二期		第三期		第四期	
	时期	要求	时期	要求	时期	要求	时期	要求
大白菜	苗期	定苗前后	成株期	收获前	结球期	收获剥除外叶	种株花期	抽薹至开花期
番茄	苗期	定植前	结果初期	第一花序开花至第一穗果坐果期	结果中期	第1～3穗果成熟		
黄瓜	苗期	真叶出现至4～5片真叶	成株期	第一雌花开花	结果期	第1～3商品果成熟		
辣椒	苗期	定植前	开花至坐果期		结果期			
萝卜	苗期	2片子叶张开时	成株期	收获时	种株期	收获后		
甘蓝	苗期	定植前	成株期	收获时	叶球期	收获后	种株期	抽薹开花

五、田间检验程序

1. 基本情况调查　种子生产田基本情况调查包括了解情况、隔离情况的检查、种子真实性检查、种子生产田生长状况的调查等内容。

(1) 了解情况。掌握检验品种的特征特性;了解被检单位及地址,作物、品种,种子田位置、编号和面积,前茬作物情况,种子来源、世代,栽培管理情况;检验品种证明书。

(2) 隔离情况的检查。种植者应向检验员提供种子田及其周边田块的地图。检验员应围绕种子田绕行一圈,检查隔离情况。对于由昆虫或风传粉杂交的作物种,应检查种子田周边与种子田传粉杂交的规定最小隔离距离内任何作物,若种子田与花粉污染源的隔离距离达不到要求,检验员必须建议部分或全部消灭污染源以使种子田达到合适的隔离距离,或淘汰达不到隔离条件的部分田块。

检验员还需检查种子田和相邻田块中的自生植株或杂草,它们可能是花粉污染源。检查也应该保证种子田与其他已感染种传病害的作物的隔离。对种子田的整体状况检查后,检验员应该对种子田进行更详细的检查,尤其是四周的情况必须仔细观察,部分田块可能播有不同的作物,也有可能成为污染源。

(3) 种子真实性检查。为进一步核实种子的真实性,有必要核查标签,为此,生产者应保留种子批的2个标签,一个在田间,另一个自留。对于杂交种必须保留其父母本的种子标签备查。检验员还必须了解种子田前茬作物情况,以避免来自前几年杂交种的母本自生植株的生长。检验员在进行周围隔离检查的同时，应根据品种田间的特征特性与品种描述的特征特性，实地检查不少于100个穗或植株，确认其真实性与品种描述中所给定的品种特征特性一致。

(4) 种子生产田生长状况的调查。对于严重倒伏、杂草危害或其他原因引起生长不良的种子田，不能进行品种纯度评价，而应该被淘汰。当种子田处于中间状态时，检验员可以使用小区预控制的证据作为田间检验的补充信息，对种子田进行总体评价确定是否有必要进行品种纯度的详细检查。

2. 取样 同一品种、同一来源、同一繁殖世代、耕作制度和栽培管理相同而又连在一起的地块可划分为一个检验区。

取样前，应制订详细的取样方案，包括考虑样区(取样区域)大小、样区数目(样区频率)和样区分布。一般来说，总样本大小(包括样区大小和样区频率)应与种子田作物生产类别的要求联系起来，并符合"4N原则"。也就是说，如果规定的杂株标准为$1/N$，总样本大小至少应为$4N$，即如果杂株率最低标准为0.1%(即1/1 000)，其样本大小至少应为4 000株(穗)。

(1) 样区数目。样区数目(样区频率)应考虑被检作物、田块大小、行播或撒播，自交或异交及种子生长的地理位置等因素，可参见表7-5。一般来说，样区的数目应随种子田大小成比例增加，由于原种、亲本种子要求的标准高，这些高纯度作物种子被检植株的数目比大田用种要多。在国际上，基础种子生产田被检植株的数目比认证种子生产田要多。

表7-5 种子田最低样区频率

面积(hm^2)	最低样区频率		
	生产常规种	生产杂交种	
		母本	父本
<2	5	5	3
3	7	7	4
4	10	10	5
5	12	12	6
6	14	14	7
7	16	16	8
8	18	18	9
9～10	20	20	10
>10	在20基础上，每公顷递增2	在20基础上，每公顷递增2	在10基础上，每公顷递增1

(2) 样区大小。样区的大小和模式取决于被检作物、田块大小、行播或撒播，自交或异

交及种子生长的地理位置等因素。

例如，大于 10 hm^2 的禾谷类常规种子的种子田，可采用大小为宽 1 m×长 20 m，面积 20 m^2，与播种方向成直角的样区。对生产杂交种的种子田进行检验，可将父母行视为不同的“田块”，由于父母本的品种纯度要求不同，应分别检查每一“田块”，并分别报告母本和父本的结果。对于宽行距种植的种子田如玉米，通过行或条的样区模式来核查。

对于面积较小的常规种如水稻、小麦、大麦、大豆，每样区至少含 500 穗(株)；面积较大的宜为 20 m^2；对于宽行种植的作物如玉米，样区可为行内 500 株。

对于水稻和玉米杂交制种田，其父母本可视为不同的“田块”，父母本分别检查和计数。水稻每样区 500 株；玉米和高粱杂交制种田的样区为行内 100 株或相邻 2 行各 50 株。

(3) 样区分布。取样样区的位置应覆盖整个种子田。要考虑种子田的形状和大小，每一种作物特定的特征。取样样区分布应是随机和广泛的，不能故意选择比一般水平好或坏的样区。在实际过程中，为了做到这一点，先确定 2 个样区的距离，还要考虑播种的方向，这样每一样区能尽量保证通过不同条播种子。样区分布见图 7－1。

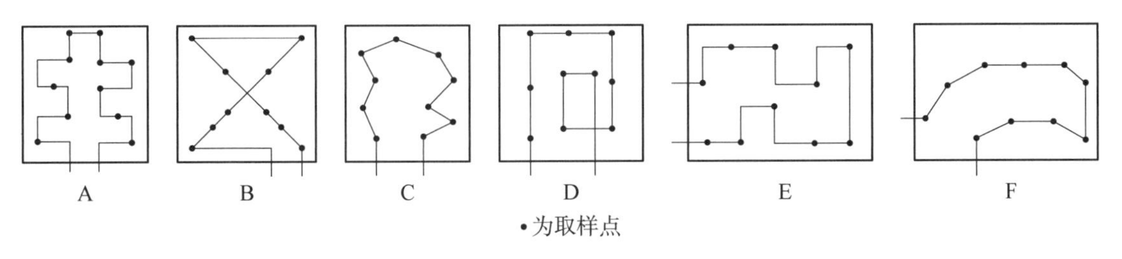

A. 双十字循环法(观察 75%的田块)；B. 双对角循环法(观察 60%～70%的田块)；C. 随机路线法；D. 顺时针路线法；E. 双槽法(观察 85%的田块)；F. 悬梯法(观察 60%的田块)。

图 7－1　取样时样区的分布路线

3. 检验　田间检验员应缓慢地沿着样区的预定方向前进，通常是边设点边检验，直接在田间进行分析鉴定，在熟悉供检品种特征特性的基础上逐株观察。应借助已建立的品种间相互区别的特征特性进行检查，以鉴别被测品种与已知品种特征特性的一致性。这些特征特性分为主要性状(通常是品种描述规范的强制性项目)和次要性状，田间检验员宜采用主要性状来评定种子的真实性和品种纯度。当仅采用主要性状难以得出结论时，可使用次要性状。检验时按行长顺序前进，以背光行走为宜，尽量避免在阳光强烈、刮风、大雨的天气下进行检查。一般田间检验以朝露未干时为好，此时品种性状和色素比较明显，必要时可将部分样品带回室内分析鉴定。每点分析结果按本品种、异品种、异作物、杂草、感染病虫株(穗)数分别记载。同时注意观察植株田间生长等是否正常。

田间检验员宜获得相应小区鉴定结果，以证实在前控中发现的杂株。杂株包括与被检品种特征特性明显不同（如株高、颜色、育性、形状、成熟度等）和不明显不同（只能在植株特定部位进行详细检查才能观察到，如叶形、叶茸毛、花和种子性状）的植株。利用雄性不育系进行杂交种子生产的田块，除记录父母本杂株率外，还需记录检查的母本雄性不育的质量，并记录在样区中所发现的杂株数。

在检查时，如遇下列情况，可采用一些特殊的处理。

（1）如果种子田中有杂株，而小区种植鉴定中没有观察到，必须记录和考虑这些杂株，以决定接受还是拒绝该田块。委托检验的机构要对小区前控和田间检验的结果进行核实。如果小区鉴定和田间检验结果有较大的偏离，有必要在小区鉴定和种子田中进行进一步的检查，以获得正相关的结果。

（2）种子田处于难以检查状态。已经严重倒伏、长满杂草的种子田或由病虫、其他原因导致生长受阻或生长不良的种子田，不能进行品种纯度的评定，建议淘汰。如果种子田状况处于难以判别的中间状态时，田间检验员应利用小区种植前控鉴定得出的证据作为田间检验的补充信息，加以判断。

（3）严重的品种混杂。如果发现种子田有严重的品种混杂现象，田间检验员只需检查 2 个样区，取其平均值，推算群体，查出淘汰值。如果杂株超过淘汰值，应淘汰该种子田并停止检查。如果检测值没有超过淘汰值，依此类推，继续检查，直至所有的样区。这种情况只适用于检查品种纯度，不适用于其他情况。

（4）在某一样区发现杂株而其他样区并未发现杂株。如果在某一样区内发现了多株杂株，而在其他样区中很少发现同样的杂株，这表明正常的检查程序不是很适宜。这种现象通常发生在杂株与被检品种非常相似的情况下，只能通过非常近距离地仔细检查穗部才行。

4. 结果计算与表示　检验完毕，将各点检验结果汇总，计算各项成分的百分率。

（1）品种纯度。

① 淘汰值。对于品种纯度高于 99.0%或每公顷低于 1 000 000 株或穗的种子田，需要采用淘汰值。对于育种家种子、原种是否符合要求，可利用淘汰值确定。不同规定标准与不同样本大小的淘汰值见表 7－6，如果变异株大于或等于规定的淘汰值，就应淘汰该种子批。

要查出淘汰值，应先计算群体株（穗）数。对于行播作物（禾谷类等作物，通常采取数穗而不数株），可应用式（7－1）计算每公顷植株（穗）数。

$$P=1\,000\,000\frac{M}{W} \tag{7-1}$$

式中，P 为每公顷植株(穗)总数；M 为每一样区内 1 m 行长的株(穗)数的平均值；W 为行宽(cm)。

表 7-6　总面积为 200 m² 的样区在不同品种纯度标准下的淘汰值

估计群体[(植株(穗)/hm²]	品种纯度标准				
	99.9%	99.8%	99.7%	99.5%	99.0%
60 000	4	6	8	11	19
80 000	5	7	10	14	24
600 000	19	33	47	74	138
900 000	26	47	67	107	204
1 200 000	33	60	87	138	—
1 500 000	40	73	107	171	—
1 800 000	47	87	126	204	—
2 100 000	54	100	144	235	—
2 400 000	61	113	164	268	—
2 700 000	67	126	183	298	—
3 000 000	74	139	203	330	—
3 300 000	81	152	223	361	—
3 600 000	87	165	243	393	—
3 900 000	94	178	261	424	—

对于撒播作物，则计数 0.5 m² 面积内的株数。撒播每公顷群体可应用式(7-2)计算。

$$P=20\,000\times N \tag{7-2}$$

式中，P 为每公顷植株数；N 为每样区内 0.5 m² 面积的株(穗)数的平均值。

根据群体数，从表 7-6 查出相应的淘汰值。将各个样区观察到的杂株相加，与淘汰值比较，作出接受或淘汰种子田的决定。如果 200 m² 样区内发现的杂株总数等于或超过表 7-6 中估计的群体和品种纯度的给定数目，就可淘汰种子田。

② 杂株(穗)率。对于品种纯度低于 99.0%或每公顷超过 1 000 000 株或穗的种子田，没有必要采用淘汰值，这是因为需要计数的混杂株数目较大，所以估测值和淘汰值相差较小，可以不考虑。这时直接采用式(7-3)计算杂株(穗)率，并与标准规定的要求相比较。

$$杂株(穗)率(\%)=\frac{样区内的杂株(穗)数}{样区内供检本作物株(穗)数}\times 100 \tag{7-3}$$

(2) 其他指标。

$$\text{异作物率}(\%)=\frac{\text{异作物株(穗)数}}{\text{供检本作物总株(穗)数}+\text{异作物株(穗)数}}\times 100 \tag{7-4}$$

$$\text{杂草率}(\%)=\frac{\text{杂草株(穗)数}}{\text{供检本作物总株(穗)数}+\text{杂草株(穗)数}}\times 100 \tag{7-5}$$

$$\text{病(虫)感染率}(\%)=\frac{\text{感染病(虫)株(穗)数}}{\text{供检本作物总株(穗)数}}\times 100 \tag{7-6}$$

杂交制种田,应计算父(母)本杂株散粉株率及母本散粉株率。

$$\text{父(母)本杂株散粉株率}(\%)=\frac{\text{父(母)本杂株散粉株数}}{\text{供检父(母)本总株数}}\times 100 \tag{7-7}$$

$$\text{母本散粉株率}(\%)=\frac{\text{母本散粉株数}}{\text{供检母本总株数}}\times 100 \tag{7-8}$$

5. 检验报告 田间检验完成后,田间检验员应及时填报田间检验报告,根据检验结果,签署下列意见。

(1) 如果田间检验的所有要求如隔离条件、品种纯度等都符合生产要求,建议被检种子田符合要求。

(2) 如果田间检验的所有要求如隔离条件、品种纯度等有一部分未符合生产要求,但通过整改措施(如去杂)可以达到生产要求,应签署整改建议。整改后,还要通过复查确认符合要求后才可建议被检种子田符合要求。

(3) 如果田间检验的所有要求如隔离条件、品种纯度等有一部分或全部不符合生产要求,而且通过整改措施仍不能达到生产要求,如隔离条件不符合要求、严重倒伏等,应建议淘汰被检种子田。

田间检验报告格式可参见表 7-7 和表 7-8。

表 7-7 农作物常规种田间检验结果单 字第 号

繁种单位			
作物名称		品种名称	
繁种面积		隔离情况	
取样点数		取样总株(穗)数	

续　表

田间检验结果	品种纯度(%)		杂草率(%)	
	异品种率(%)		病虫感染率(%)	
	异作物率(%)			
田间检验结果建议或意见				

检验单位(盖章)：　　　　检验员：　　　　　　　　　　　　检验日期：　年　　月　　日

表 7-8　农作物杂交种田间检验结果单　　　　字第　　　　号

繁种单位				
作物名称			品种(组合)名称	
繁种面积			隔离情况	
取样点数			取样总株(穗)数	
田间检验结果	父本杂株率(%)		母本杂株率(%)	
	母本散粉株率(%)		异作物率(%)	
	杂草率(%)		病虫感染率(%)	
田间检验结果建议或意见				

检验单位(盖章)：　　　　检验员：　　　　　　　　　　　　检验日期：　年　　月　　日

第二节　小区种植鉴定

一、小区种植鉴定的目的和方式

在种子生产过程中，田间小区种植鉴定是监控品种是否保持原有的特征特性或符合种子质量标准要求的主要手段之一。小区种植鉴定的目的：一是鉴定种子样品的真实性与品种描述是否相符，即通过对田间小区内种植的被检样品的植株与标准样品的植株进行比较，并根据品种描述判断其种子的真实性；二是鉴定种子样品纯度是否符合国家规定标准或种子标签标注值的要求。田间小区种植鉴定因能充分展示品种的特征特性，所以是可靠、准确的真实性和品种纯度鉴定方法。它也适用于种子贸易间的仲裁检验，并作为赔偿损失的依据。但小区种植鉴定费工、费时。

我国实施的小区种植鉴定方式多种多样，可在当地同季(与大田生产同步种植)、当地异季(在温室或大棚内种植)或异地异季(如稻、玉米、棉花、西瓜等作物冬季在海南省，油菜等作物夏季在青海省)进行种植鉴定。

二、小区种植鉴定的作用

小区种植鉴定从作用来说可分为对种子质量的前控和后控 2 种。当种子批用于繁殖生产下一代种子时,该批种子的小区种植鉴定对下一代种子来说就是前控,如同我国种子繁殖期间的亲本鉴定。如果对生产种子的亲本种子进行小区种植鉴定,那么亲本种子的小区种植鉴定对于种子生产来说就是前控。前控可在种子生产的田间检验期间或之前进行,其结果作为淘汰不符合要求的种子田的依据之一。通过小区种植鉴定来检测生产种子的质量便是后控,比如对收获后的种子进行小区种植鉴定。我国每年在海南岛进行的异地小区种植鉴定即是后控。后控也是我国农作物种子质量监督抽查工作鉴定种子样品的品种纯度是否符合种子质量标准要求的主要手段之一。

前控和后控的主要作用有:①为种子生产过程中的田间检验提供重要信息,是种子认证过程中不可缺少的环节;②可以判别品种特征特性在繁殖过程中是否保持不变;③可以鉴定种子的真实性;④可以长期观察,观察时期从幼苗出土到成熟期,随时观察小区内的所有植株;⑤小区内所有品种和种类的植株的特征特性能够充分表现,可以使鉴定记载和检测方法标准化;⑥能够确定小区内有无自生植物生长和播种设备是否清洁,明确小区内非典型植株是否来自种子样品;⑦可以比较相同品种不同种子批的种子遗传质量;⑧可以根据小区种植鉴定的结果淘汰质量低劣的种子批或种子田,使农民用上高质量的种子;⑨可以采取小区种植鉴定的方法解决种子生产者和使用者的争议。

三、小区种植鉴定程序

1. 试验地选择 在选定小区种植鉴定的田块时,必须确保前茬无同类作物和杂草的田块作为小区种植鉴定的试验地。为了使种植小区出苗快速且整齐,除考虑前作要求外,还应选择土壤均匀、肥力一致、良好的田块,并有适宜的栽培管理措施。

2. 小区设计 为了使小区种植鉴定的设计便于观察,应考虑以下几个方面:①在同一田块,将同一品种、类似品种的所有样品连同提供对照的标准样品相邻种植,以突出它们之间的任何细微差异。②在同一品种内,把同一生产单位生产、同期收获的有相同生产历史的相关种子批的样品相邻种植,以便于记载。这样,掌握了一个小区内非典型植株的情况后,就便于检验其他小区的情况。③当要对数量性状进行量化时,如测量叶长、叶宽和株高等,小区设计要采用符合田间统计要求的随机小区设计。④如果资源充分允许,小区种植鉴定可设重复。

3. 标准样品的设置　设置标准样品作对照的目的是为栽培品种提供全面的、系统的品种特征特性的现实描述。在鉴定种子的真实性时，应在鉴定的各个阶段与标准样品进行比较。

标准样品应尽可能代表品种原有的特征特性。如果每年需要量较大，可采用育种家种子等级的种子批。对于杂交种，同时应保存和使用组成该组合的自交系与亲本组合。标准样品的数量应尽可能多，以便能使用几年，并在低温干燥的适宜条件下贮藏，保持其生活力。

4. 小区种植鉴定的株数　要根据检测的目的来确定株数。如果是要测定品种纯度与发布的质量标准进行比较，必须种植较多的株数。一般来说，若品种纯度标准为 $X=(N-1)\times100\%/N$，种植株数 $4N$ 即可获得满意结果。假如纯度标准要求为 99.0%，则种植 400 株即可达到要求。小区种植的行、株间应有足够的距离，大株作物可适当增加行株距，必要时可用点播和点栽。

5. 小区种植管理　通常要求如同大田生产粮食的管理，不同的是，不管什么时候都要保持品种的特征特性和品种的差异，做到在整个生长阶段都能允许检查小区的植株状况。

小区种植鉴定只要求观察品种的特征特性，不要求高产，土壤肥力应中等。对于易倒伏作物(特别是禾谷类)的小区种植鉴定，应尽量少施化肥，有必要把肥料水平降到最低程度。使用除草剂和植物生长调节剂必须要小心，避免它们影响植株的特征特性。

6. 鉴定和记录　小区鉴定的时间和方法同田间检验。

小区种植鉴定在整个生长季节都可观察，有些种在幼苗期就有可能鉴别出种子的真实性和品种纯度，但成熟期(常规种)、花期(杂交种)和食用器官成熟期(蔬菜种)是品种特征特性表现最明显的时期，必须进行鉴定。记载的数据用于结果判别时，原则上要求花期和成熟期相结合，并通常以花期为主。小区鉴定记载也包括品种纯度和种传病害的存在情况。

7. 结果计算和填报　品种纯度结果表示有以变异株数目表示和以百分率表示 2 种方法。

(1) 变异株数目表示。《农作物种子检验规程　真实性和品种纯度鉴定》(GB/T 3543.5—1995)规定的淘汰值就是以变异株数表示的，如纯度 99.9%，种 4 000 株，其变异株或杂株不应超过 9 株(称为淘汰值)；如果不考虑容许差距，其变异株不超过 4 株。

表 7－9 列举了不同标准的淘汰值，其中有横线或下划线的淘汰值并不可靠，因为样本数目不够大，具有极大的不正确接受不合格种子的危险性，这种现象发生在标准样本内的变异株少于 $4N$ 的情况中。如果变异株大于或等于规定的淘汰值，就应淘汰该种子批。

表 7－9　不同规定标准与不同样本大小的淘汰值(0.05%显著水平)

规定标准	不同样本(株数)大小的淘汰值						
	4 000	2 000	1 400	1 000	400	300	200
99.9%	9	6	5	4	—	—	—
99.7%	19	11	9	7	4	—	—
99%	52	29	21	16	9	7	6

淘汰值的推算采用泊松(Poisson)分布，可采用式(7－9)计算。注意：结果舍去所有小数位数，不采用四舍五入或六入。

$$R = X + 1.65\sqrt{X} + 0.8 + 1 \tag{7-9}$$

式中，R 为淘汰值；X 为根据标准所换算成的变异株数。

例如，纯度为 99.9%，在 4 000 株中的变异株数为 4 000×(100%－99.9%)＝4，$R=4+1.65\sqrt{4}+0.8+1=9.1$，去掉所有小数后，淘汰值为 9。

(2) 百分率表示。将所鉴定的本品种、异品种、异作物和杂草等均以所鉴定植株的百分率表示。小区种植鉴定的品种纯度结果可采用式(7－10)计算。

$$\text{品种纯度}(\%) = \frac{\text{本作物的总株数} - \text{变异株(非典型株)数}}{\text{本作物总株数}} \times 100 \tag{7-10}$$

建议小区种植鉴定的品种纯度保留 1 位小数，以便于比较。

品种纯度是否达到国家种子质量标准、合同和标签的要求，可查 GB/T 3543.5—1995 表 2“品种纯度的容许差距”。如果样本数量不是该表中的规定值时可用式(7－11)进行计算。

$$T = 1.65\sqrt{\frac{pq}{N}} \tag{7-11}$$

式中，T 为容许误差，p 为品种纯度的数值；q 为 $100-p$；N 为种植株数。

田间小区种植鉴定结果除填报品种纯度外，有时还需填报所发现的异作物、杂草和其他栽培品种的百分率。

第八章 种子生活力与活力测定

第一节 种子生活力测定

一、种子生活力的概念

种子生活力(seed viability)指种子潜在的发芽能力或种胚具有的生命力。许多植物种子,特别是刚收获的种子、野生性强的种子,如野生稻、杂草、花卉和药材种子,发芽率很低。但实际上大多数种子是有生活力的,只是处于休眠状态暂时不发芽。因此,在一个种子样品中全部有生命力的种子,应包括能发芽的种子和暂时不能发芽但具有生命力的休眠种子。

二、种子生活力测定的意义

(一) 测定休眠种子的生活力

新收获的或处于休眠状态的种子,即使供给适宜的发芽条件仍不能良好发芽或发芽力很低,这种情况下,就不可能测出种子的最高发芽率。而通过生活力测定,可了解种子潜在发芽能力,以合理利用种子。播种之前对发芽率低而生活力高的种子,应进行适当处理后播种。如发芽试验末期有新鲜不发芽的种子或硬实种子,就应对其接着进行生活力测定。

(二) 快速预测种子的发芽力

快速预测种子发芽能力需要进行生活力测定。休眠种子可借助于各种预处理打破休眠,进行发芽试验,但时间较长;而种子贸易中,因时间紧迫,不可能采用标准发芽试验来测定发芽力,这是因为发芽试验所需的时间较长。如水稻需 14 d,一些蔬菜和牧草种子需 2～3 周。因此,可用生物化学速测法测定种子生活力作为参考,而林木种子可用生活力来代替发芽力。

种子生活力测定方法有四唑染色法、靛蓝染色法、红墨水染色法、软 X 射线造影法等。但正式列入《国际种子检验规程》和我国《农作物种子检验规程》的生活力测定方法是四唑染色法,下文对其进行重点介绍。

三、四唑染色法测定种子生活力

(一) 四唑染色法测定原理

四唑测定法于1942年由德国 Socaled Hoheheim 学校(现为 University of Hohenheim) G. Lakon 教授发明,国际种子检验协会(ISTA)2003年出版了《ISTA 四唑测定工作手册》。四唑测定法是一种世界公认、结果可靠的种子生活力测定方法,具有方法简便,成本低廉,不受休眠限制的特点。

1. 四唑染色法原理 无色的氯化三苯基四氮唑(简称四唑)被种子吸收后,在种子组织活细胞内脱氢酶的作用下,接受活种子代谢过程中呼吸链上的氢,在活细胞里变成还原态的红色、稳定、不扩散、不溶于水的三苯基甲腊(triphenyl formazam),其化学反应式如图8-1。

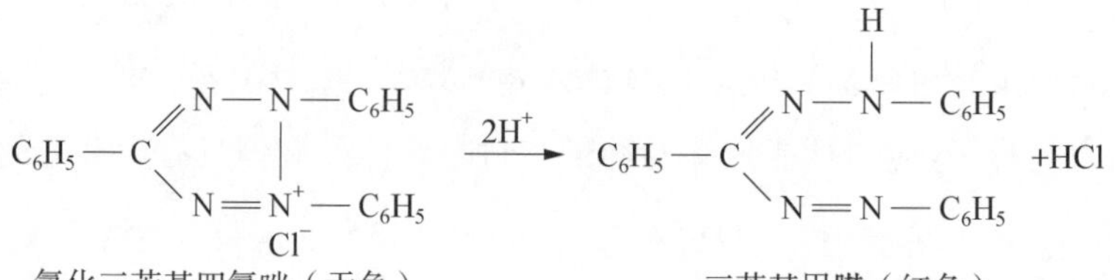

$$C_6H_5-C\begin{cases}=N-N-C_6H_5\\ \quad\quad\ |\\ -N=N^{+}-C_6H_5\\ \quad\quad\ Cl^{-}\end{cases}\xrightarrow{2H^{+}}C_6H_5-C\begin{cases}=N-N(H)-C_6H_5\\ -N=N-C_6H_5\end{cases}+HCl$$

氯化三苯基四氮唑(无色)　　　　三苯基甲臜(红色)

图8-1 四唑染色测定反应式

可根据四唑染成的颜色和部位,区分种子的有生活力部分(红色)和死亡部分(无色)。一般来说,单子叶植物种子的胚和糊粉层、双子叶植物种子的胚和部分双子叶植物的胚乳、裸子植物种子的胚和配子体等属于活组织,含有脱氢酶,四唑渗入后能染成红色,而种皮和禾谷类种子的胚乳等为死组织,不能染色。除了完全染色的有生活力种子和完全不染色的无生活力种子外,还可能出现一些部分染色的异常颜色或不染色的死组织。

判断种子有无生活力,主要取决于胚和(或)胚乳(或配子体)坏死组织的部位和面积的大小,而不一定在于颜色的深浅。通过颜色的差异主要将健全的、衰弱的和死亡的组织判别出来,并确定其染色部位。染色的深浅可以区别健壮程度。即染色愈深,种子生活力愈旺盛。

根据以上原理和所用指示剂,把这种测定称为"局部解剖图形的四唑测定"(topographical tetrazolium test)。即根据种子胚和活营养组织局部解剖染色部位及颜色状况,鉴定种胚的死亡部分,查明种子死亡的原因。

2. 四唑染色法应用的化学试剂

(1) 四唑。四唑盐类有多种，常用的是 2，3，5 -氯化(或溴化)三苯基四氮唑[2，3，5-triphenyl tetrazolium chloride (or bromide)，TTC(TTB)或 TZ]，分子式为 $C_{19}H_{15}N_4Cl$，相对分子量为 334.8，亦称为红四唑。白色或淡黄色粉末，易溶于水，有微毒。试剂见光易被还原成粉红色，需用棕色瓶包装，再外裹黑纸。

《农作物检验规程　其他项目检验》(GB/T 3543.7—1995)规定，通常使用的四唑溶液浓度为 0.1%～1.0%(m/V)，切开种胚的种子可用 0.1%～0.5%的四唑溶液；整个胚、整粒种子，或横切、斜切或穿刺的需用 1.0%的四唑溶液。四唑溶液的 pH 要求为 6.5～7.5，若溶液的 pH 不在此范围，反应不能正常进行，因此，应当用磷酸缓冲液配制。配好的四唑液也应装入棕色瓶里，放于黑暗处，一般有效期为数月；若存放于冰箱中，有效期更长。

(2) 乳酸苯酚透明液。用于染色后的小粒豆类和牧草种子，使经四唑染色后的种皮、稃壳或胚乳变得透明，以便透过这些部分清楚地观察其胚的染色情况。配制方法：取 20 mL 乳酸、20 mL 苯酚(若苯酚是结晶形式，则需溶化为液体)和 40 mL 甘油与 20 mL 蒸馏水混合而成。

(二) 四唑染色测定法的程序

1. 试验样品　随机数取充分混合的净种子，每重复 100 粒，2～4 次重复。若是测定发芽试验末期休眠种子的生活力，则单用发芽试验末期所发现的休眠种子。

2. 种子预处理　在正式测定前，对所测种子样品需经过预处理即预措预湿，其主要目的：一是使种子加快和充分吸湿，软化果种皮，方便样品准备；二是促进酶的活化，以提高染色的均匀度、鉴定的可靠性和正确性。

(1) 种子预措。是指在种子预湿前除去种子外部的附属物，包括剥去果壳和在种子非要害部位弄破种皮。如水稻种子需脱去稃壳；豆科硬实种子需刺破种皮等。但需注意的是，预措不能损伤种子内部胚的主要构造。大多数种子其实无须预措处理。

(2) 种子预湿。是四唑染色测定的必要步骤。根据不同种子的生理特性，采用相应的预湿方法，目前常用的预湿方法如下。

① 缓慢纸床预湿。将种子放在纸床上或纸间，让其缓慢吸湿，适用于直接浸在水中容易破裂和损伤的种子，以及已经劣变和过分干燥的种子。缓慢吸湿能较好地解决吸湿和供氧的矛盾。我国国家标准规定大豆、菜豆、葱、李、花生等种子要求缓慢纸床预湿。禾谷类种子既可浸水预湿，也可缓慢纸床预湿。缓慢预湿可采用纸床上预湿(小粒豆类种子，如苜蓿、三叶草等种子)，也可采用纸卷或纸间预湿(大豆、菜豆、豌豆等种子)。

② 快速水浸预湿。将种子完全浸入水中，充分吸胀，适用于种子直接浸入水中，不会造

成组织破裂和损伤，且不会影响鉴定正确性的种子种类。包括水稻、小麦、大麦、燕麦、黑麦、黑麦草、红豆草、玉米、杉属、鹅耳枥属、扁柏属、榛属、栒子属、山楂属、卫矛属、山毛榉属、岑属、苹果属、松属和椴属等。有时为了加快种子吸水，温季作物种子可用 40～45 ℃水。应特别注意，如果浸种温度过高或浸种时间过长会引起种子变质，造成人为的水浸损伤，影响鉴定结果。预湿温度及时间见表 8-1。

3. 染色前的种子处理 在染色前根据胚的构造和营养组织的位置和特性，采用适当的切割或剥皮等方法将种子胚的主要构造和活的营养组织暴露出来，利于四唑溶液渗透和还原反应充分进行，便于正确鉴定。图 8-2 是一些种子的准备方法。

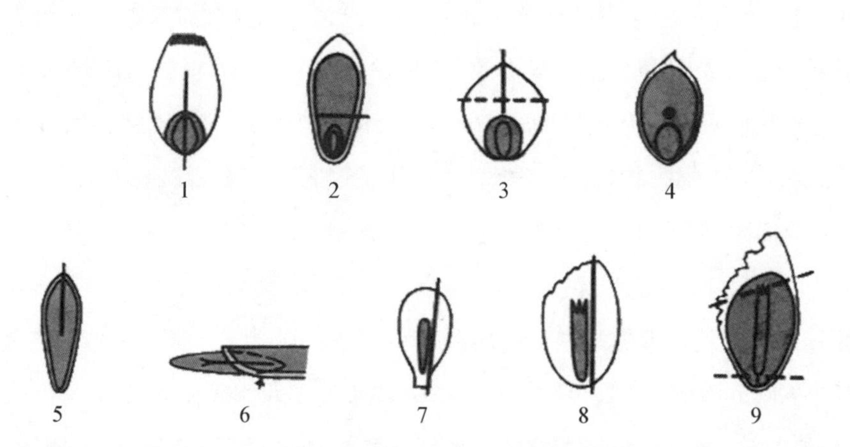

1. 禾谷类和禾本科牧草种子通过胚和约在胚乳 3/4 处纵切；2. 燕麦属(*Avena*)和禾本科牧草种子靠近胚部横切；3. 禾本科牧草种子通过胚乳末端部分横切和纵切；4. 禾本科牧草种子刺穿胚乳；5. 通过子叶末端一半纵切，如莴苣属(*Lactuca*)和菊科(*Asteraceae*)中的一些属；6. 纵切面表明以上述第 5 种方式进行纵切时的解剖刀部位；7. 沿胚的旁边纵切[伞形科(*Apiaceae*)中的种和其他具有直立胚的种]；8. 针叶树种子沿胚旁边纵切；9. 在两端横切，打开胚腔，并切去小部分胚乳(配子体组织)。

图 8-2 四唑染色常见作物种子的准备示意图

4. 四唑染色 通过染色反应，能将胚和活营养组织中健壮、衰弱和死亡部分的差异正确地显现出来，以便进行准确鉴定，可靠地判断种子的生活力。

(1) 染色程序。将处理好的种子放在小烧杯或培养皿内，加入适宜浓度的四唑溶液，以淹没种子为度，移至一定温度的黑暗恒温箱内进行染色反应。因为光照会使四唑盐类还原而降低其浓度，影响其染色效果。

(2) 染色温度和时间。因种子种类、样品准备方法、生活力的强弱、四唑溶液浓度、pH 和温度等因素的不同而有差异，其中温度影响最大。染色温度可按需要在 20～45 ℃温度范围内加以适当选择。在这个温度范围内，温度每增加 5 ℃，其染色时间可减少一半。如果已到规定染色时间，但样品的染色仍不够充分，可适当延长染色时间。染色温度过高或染色时

表 8-1　农作物种子四唑测定技术规定

种(变种)名	学名	预湿方式	预湿时间(h)	染色前的准备	溶液浓度(%)	35 ℃染色时间(h)	鉴定前的处理	有生活力种子允许不染色、较弱或坏死的最大面积	备注
小麦 大麦 黑麦	*Triticum aestivum* L. *Hordeum vulgare* L. *Secale cereale* L.	纸间或水中	30 ℃恒温水浸种 3～4 h,或纸间 12 h	a. 纵切胚和 3/4 胚乳; b. 分离带盾片的胚	0.1	0.5～1	a. 观察切面; b. 观察胚和盾片	a. 盾片上下任一端 1/3 不染色; b. 胚根大部分不染色,但不定根原始体必须染色	盾片中央有不染色组织,表明受到热损伤
普通燕麦 裸燕麦	*Auena sativa* L. *Avena nuda* L.	纸间或水中	同上	a. 除去稃壳,纵切胚和 3/4 胚乳; b. 在胚部附近横切	0.1	同上	a. 观察切面; b. 沿胚纵切	同上	同上
玉米	*Zea mays* L.	纸间或水中	同上	纵切胚和大部分胚乳	0.1	同上	观察切面	胚根;盾片上下任一端 1/3 不染色	同上
黍粟	*Panicum miliaceum* L. *Setaria italica* Beauv.	纸间或水中	同上	a. 在胚部附近横切; b. 沿胚乳尖端纵切 1/2	0.1	同上	切开或撕开,使胚露出	胚根顶端 2/3 不染色	
高粱	*Sorghum bicolor* (L.) Moench	纸间或水中	同上	纵切胚和大部分胚乳	0.1	同上	观察切面	a. 胚根顶端 2/3 不染色; b. 盾片上下任一端 1/3 不染色	
水稻	*Oryza sativa* L.	纸间或水中	12	纵切胚和 3/4 胚乳	0.1	同上	观察切面	胚根顶端 2/3 不染色	必要时可除去内外稃

续 表

种(变种)名	学名	预湿方式	预湿时间(h)	染色前的准备	溶液浓度(%)	35 ℃染色时间(h)	鉴定前的处理	有生活力种子允许不染色、较弱或坏死的最大面积	备注
棉花	*Gossypium* spp.	纸间	12	a. 纵切 1/2 种子； b. 切去部分种皮； c. 去掉胚乳遗迹	0.5	2～3	纵切	a. 胚根顶端 1/3 不染色； b. 子叶表面有小范围的坏死或子叶顶端 1/3 不染色	有硬实应划破种皮
甜荞 苦荞	*Fagopyrum esculentum* Moench *Fagopyrum tataricum* (L.) Gaertn.	纸间或水中	30 ℃水中浸种 3～4 h，或纸间 12 h	沿瘦果近中线纵切	1.0	2～3	观察切面	a. 胚根顶端 1/3 不染色； b. 子叶表面有小范围的坏死	
菜豆 豌豆 绿豆 花生 大豆 豇豆 扁豆 蚕豆	*Phaseolus vulgaris* L. *Pisum sativum* L. *Vigna radiata* (L.) Wilczek *Arachis hypogaea* L. *Glycine mac* (L.) Merr. *Vigna unguiculata* Walp. *Dolichos lablab* L. *Vicia faba* L.	纸间	6～8	无须准备	1.0	3～4	切开或除去种皮，掰开子叶，露出胚芽	a. 胚根顶端不染色，花生为 1/3，蚕豆为 2/3，其他种为 1/2； b. 子叶顶端不杂花，花生为 1/4，蚕豆为 1/3，其他种为 1/2； c. 除蚕豆外，胚芽顶部不染色 1/4	
南瓜 丝瓜 黄瓜 西瓜	*Cucurbita moschata* Duchesne ex Poiinet *Luffa* spp. *Cucumis sativus* L. *Citrullus lanatus* Masum. et Nakai	纸间或水中	在 20～30 ℃水中浸 6～8 h 或纸间 24 h	a. 纵切 1/2 种子； b. 剥去种皮； c. 西瓜用干燥布或纸揩擦，除去表面黏液	1.0	2～3 h，但甜瓜 1～2 h	除去种皮和内膜	a. 胚根顶端不染色 1/2； b. 子叶顶端不染色 1/2	

续　表

种(变种)名	学名	预湿方式	预湿时间(h)	染色前的准备	溶液浓度(%)	35 ℃染色时间(h)	鉴定前的处理	有生活力种子允许不染色、较弱或坏死的最大面积	备注
冬瓜	*Benincase hispida* Cogn.								
苦瓜	*Momordica charantia* L.								
甜瓜	*Cucumis melo* L.								
瓠瓜	*Lagenaria siceraria* Stand.								
白菜型油菜	*Brassica campestri* L.	纸间或水中	30 ℃温水中浸种 3～4 h 或纸间 5～6 h	a. 剥去种皮； b. 切去部分种皮	1.0	2～4	a. 纵切种子使胚中轴露出； b. 切去部分种皮使胚中轴露出	a. 胚根顶端 1/3 不染色； b. 子叶顶端有部分坏死	
不结球白菜	*Brassica campestris* L. ssp. *chinensis* (L.) Makino								
结球白菜	*Brassica campestri* L. ssp. *pekinensis* (Lour.) Olsson								
甘蓝型油菜	*Brassica napus* L.								
甘蓝	*Brassica oleracea* var. *capitata* L.								
花椰菜	*Brassica oleracea* L. var. *botruytis* L.								
萝卜	*Raphanus sativus* L.								
芥菜	*Brassica juncea* Coss.								
葱属(洋葱、韭菜、葱、韭葱、细香葱)	*Allium* spp.	纸间	12	a. 沿扁平面纵切，但不完全切开，基部相连； b. 切去子叶两端，但不损伤胚根及子叶	0.2	0.5～1.5	a. 扯开切口，露出胚； b. 切去一薄层胚乳，使胚露出	a. 种胚和胚乳完全染色； b. 不与胚相连的胚乳有少量不染色	

续 表

种(变种)名	学名	预湿方式	预湿时间(h)	染色前的准备	溶液浓度(%)	35 ℃染色时间(h)	鉴定前的处理	有生活力种子允许不染色、较弱或坏死的最大面积	备注
辣椒 甜椒 茄子 番茄	*Capsicum frutescens* L. *Capsicum frutescens* var. *grossum* *Solanum melongena* L. *Lycopersicon lycopersium* (L.) Karsten	纸间或水中	在 20～30 ℃水中 3～4 h,或纸间 12 h	a. 在种子中心刺破种皮和胚乳； b. 切去种子末端，包括一小部分子叶	0.2	0.5～1.5	a. 撕开胚乳，使胚露出； b. 纵切种子使胚露出	胚和胚乳全部染色	
芫荽 芹菜 胡萝卜 茴香	*Coriandrum sativum* L. *Apium graveolens* L. *Daucus carota* L. *Foeniculum vulgare* Mill.	水中	在 20～30 ℃水中 3 h	a. 纵切种子一半，并撕开胚乳，使胚露出； b. 切去种子末端 1/4 或 1/3	0.1～0.5	6～24	a. 进一步撕开切口，使胚露出； b. 纵切种子露出胚和胚乳	胚和胚乳全部染色	
苜蓿属 草木樨属 紫云英	*Medicago* ssp. *Melilotus* ssp. *Astragalus sinicus* L.	水中	22	无须准备	0.5～1.0	6～24	除去种皮使胚露出	a. 胚根顶端 1/3 不染色； b. 子叶顶端 1/3，如在表面可 1/2 不染色	
莴苣 茼蒿	*Lactuca sativa* L. *Chrysanthemum coronarium* var. *spatisum*	水中	在 30 ℃水中浸 2～4 h	a. 纵切种子上半部(非胚根端)； b. 切去种子末端包括一部分子叶	0.2	2～3	a. 切去种皮和子叶使胚露出； b. 切开种子末端轻轻挤压使胚露出	a. 胚根顶端 1/3 不染色； b. 子叶顶端 1/2 表面不染色，或 1/3 弥漫不染色	

续　表

种(变种)名	学名	预湿方式	预湿时间(h)	染色前的准备	溶液浓度(%)	35 ℃染色时间(h)	鉴定前的处理	有生活力种子允许不染色、较弱或坏死的最大面积	备注
向日葵	*Helianthus annuus* L.	水中	3～4	纵切种子上半部或除去果壳	1.0	3～4	除去果壳	a. 胚根顶端 1/3 不染色； b. 子叶顶端表面 1/2 不染色	
甜菜	*Beta vulgaris* L.	水中	18	a. 除去盖着种胚的帽状物； b. 沿胚与胚乳之界线切开	0.1～0.5	24～48	扯开切口，使胚露出	a. 胚根顶端 1/3 不染色； b. 子叶顶端 1/3 不染色	
菠菜	*Spinacia oleracea* L.	水中	3～4	a. 在胚与胚乳之边界刺破种皮； b. 在胚根与子叶之间横切	0.2	0.5～1.5	a. 纵切种子，使胚露出； b. 掰开切口，使胚露出	同上	

间过长，也会引起种子组织变质，从而可能掩盖由于遭受冻害、热损伤和本身衰弱而呈现不同颜色或异常的情况。有些种子要求加入微量的杀菌剂或抗生素(如 0.5%浓度的青霉素粉剂)，以避免在染色过程产生带有黑色沉淀物的多泡沫溶液。

(3) 暂停染色。若未能按时进行鉴定，可在能接受的时间范围内，将正在进行染色的样品移到低温或冰冻条件下，以中止或减缓染色反应进程。但应注意，仍需将种子样品保持在原来的染色溶液里，而对已达到染色时间的样品应保持在清水中或湿润条件下。对于在 1 h 内要鉴定的染色样品，最好先倒去染色溶液并在冲洗后保持在低温清水中或湿润状态及弱光或黑暗条件下，以待鉴定。

5. 鉴定前处理 为了确保鉴定结果的正确性，还可将已染色的种子样品加以适当处理，进一步使胚的主要构造和活营养组织明显地暴露出来，以便观察、鉴定和计算。如轻压出胚、扯开营养组织暴露出胚、切去切面碎片或掰开子叶暴露出胚等。

对于带有稃壳的禾本科牧草(黑麦草、鸭茅、羊茅、早熟禾、小糠草等)及小粒豆科牧草(苜蓿、三叶草等)种子，需用乳酸苯酚透明液处理，使果种皮、稃壳或胚乳变为透明，以便清楚地鉴定胚的染色情况。在四唑染色反应达到适宜时间后，沥出四唑溶液，注意不能溜出种子。然后用吸水纸片吸干残余的溶液，并把种子集中在培养皿中心，加入 2～4 滴乳酸苯酚透明液，适当摇晃，使其与种子良好接触，置于 38 ℃恒温箱保持 30～60 min，取出，经清水漂洗或直接观察。

6. 观察鉴定 四唑测定样品经染色和样品处理后，进行正确的观察鉴定非常重要。测定结果的可靠性取决于检验人员对染色组织和部位的正确识别、工作经验等综合运用能力。观察鉴定的主要目的是区别有生活力和无生活力种子。

一般鉴定原则是：凡是胚的主要构造及有关活营养组织染成有光泽的鲜红色，且组织状态正常的，为有生活力种子。凡是胚的主要构造局部不染色或染成异常的颜色和光泽，并且活营养组织不染色部分已超过 1/2，或超过容许范围，以及组织软化的，完全不染色或染成无光泽的淡红色或灰白色，且组织已软化腐烂或异常、虫蛀、损伤的均为无生活力种子。

在鉴定时，可借助放大镜进行观察鉴定。大、中粒种子可直接用肉眼或 5～7 倍放大镜观察鉴定，中小粒种子用 10～100 倍体视显微镜进行仔细观察鉴定。在观察时，打开反射灯光或侧射灯光，正确计数有生活力的种子。小麦、辣椒种子四唑测定结果如图 8－3、图 8－4。

7. 结果报告 在鉴定一个样品时，应记录各个重复中有生活力种子的百分率。重复间最大容许差距不应超过 GB/T 3543.7—1995 表 2 的规定。如未超过，平均百分率计算到最近似的整数；如超过，应采用同样的方法重新进行试验。

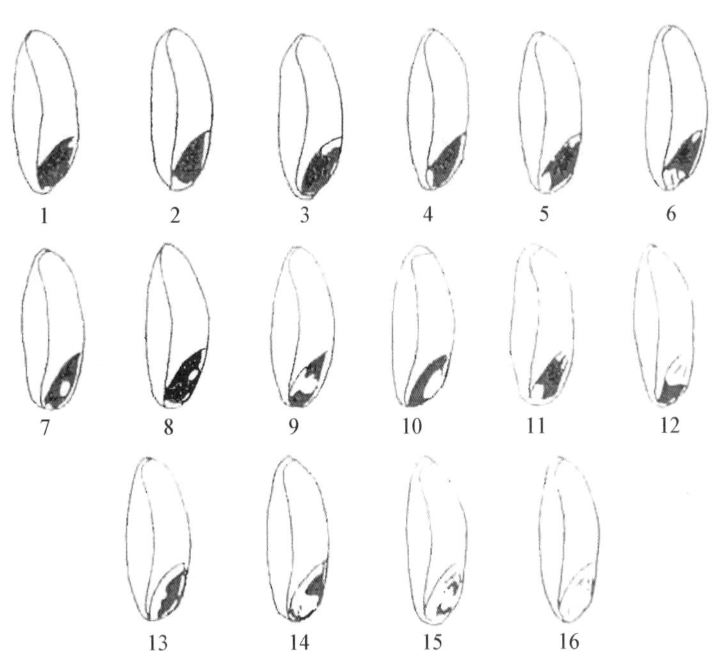

图中黑色部分表示染成红色、有生活力组织；白色部分表示不染色的死组织。1. 有发芽力，整个胚染成鲜红色；2～5. 有发芽力，盾片末端不染色；6. 有发芽力，胚根尖端及胚根鞘不染色；7. 无发芽力，胚根 3/4 以上不染色；8. 无发芽力，胚芽不染色；9. 无发芽力，盾片中部和盾片节不染色；10. 无发芽力，胚轴不染色；11. 无发芽力，盾片末端和胚芽尖端不染色；12. 无发芽力，胚的上半部不染色；13. 无发芽力，盾片不染色；14. 无发芽力，盾片、胚根和胚根鞘不染色；15. 无发芽力，染成模糊的淡红色；16. 无发芽力，整个胚不染色。

图 8－3　小麦种子四唑染色测定结果的鉴定标准

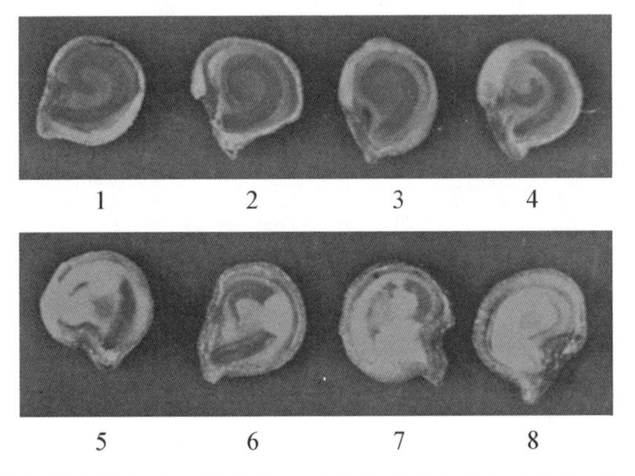

1. 有生活力，胚全染色；2. 有生活力，一片子叶顶端约 1/2 不染色，另一片全染色；3. 无生活力，胚根先端不染色，子叶中部有一小段染色很浅；4. 无生活力，子叶中段不染色；5. 无生活力，子叶全不染色；6. 无生活力，子叶基部一端不染色；7. 无生活力，胚多处不染色；8. 无生活力，胚全不染色。

图 8－4　辣椒种子四唑染色图谱

第二节 种子活力测定

种子活力(seed vigor)是种子质量的重要指标之一,与种子田间出苗质量密切相关。活力测定经过几十年的研究,已取得了重大进展。在美国和欧洲,许多种子公司把活力测定作为常规的检验项目,我国种子检验规程也将列入种子活力测定内容。

种子活力测定方法达数十种,但主要分为直接法和间接法两大类。直接法是在实验室内模拟田间不良条件和其他条件下的发芽出苗情况的方法,如低温处理是模拟早春播种期的低温条件;砖砾试验是模拟田间板结土壤或黏土地区条件;加速老化是模拟种子在高温高湿条件下种子的快速劣变。间接法是在实验室内测定与田间出苗率(活力)相关的生理生化指标的方法,如浸泡液电导率、种子呼吸速率测定和各种与呼吸、代谢相关酶活性强度等。现将常用的种子活力测定方法介绍如下。

一、伸长胚根计数测定

1. 测定原理 活力降低的种子,早期生理表现为种子发芽速率迟缓。发芽初期,玉米种子胚根伸长的数量能准确反映出其发芽速率,并与发芽速率的其他表现指标密切相关,与田间出苗显著相关。胚根伸长的种子数量多,表明种子活力高;胚根伸长的种子数量少,则表明种子活力低。

2. 测定方法 玉米种子胚根伸长计数测定方法如下。

(1) 试验设置。设 8 个重复,每一重复 25 粒种子的纸巾卷进行正常发芽试验。每重复种子摆成 2 排,一排 12 粒另一排 13 粒,种子的胚根部位朝向纸巾底部。将纸巾卷好垂直向上置于塑料袋中,在规定温度下培养。每次测定应设置对照。

(2) 试验温度。胚根伸长测定在(20±1)℃或(13±1)℃下进行。温度是试验中最关键的潜在变异因素,监控培养箱中纸巾卷的放置范围,每 24 h 监测一次温度并翻转纸巾卷。

(3) 计数时间。胚根伸长计数时间取决于试验温度。在 20 ℃下,培养 66 h±15 min 后计数;在 13 ℃下,培养(144±1)h 后计数。

(4) 结果计算与表达。出现清晰和明显的伸长胚根作为评定的依据,用肉眼判定长度达到 2 mm 以上的种子进行计数,并换算成每重复的百分率。说明试验的培养温度和培养时间,如:在 20 ℃下经 66 h 后,伸长的胚根数目为 90%。

二、加速老化试验

加速老化试验(accelerated aging test, AA 测定)。主要用于两方面,一是预测田间出苗率，二是预测耐藏性。

1. 测定原理　加速老化试验是根据高温（40～45℃）和高湿（约95%相对湿度）能导致种子快速劣变这一原理进行测定。高活力种子能忍受逆境条件处理，劣变较慢；而低活力种子劣变较快，长成较多的不正常幼苗或者完全死亡。

2. 测定方法　以大豆种子为例，在AA测定前将其水分调节至10%～14%。

（1）准备样品和设备。

① 准备老化外箱：推荐应用水套培养箱，能保持恒温。如果没有水套培养箱，也可用其他有加水的加热培养箱。使用其他培养箱，要防止凝结水掉在内箱盒上，否则会在盖内产生凝结，提高种子水分，降低发芽率，增加发霉概率。

② 准备老化内箱：老化内箱是带盖的塑料盒，大小为11.0 cm×11.0 cm×3.5 cm，内有一个网架盘10.0 cm×10.0 cm×3 cm（网孔为1.4 mm×1.8 mm）（图8-5）。老化内箱可从市场购买，也可自制。

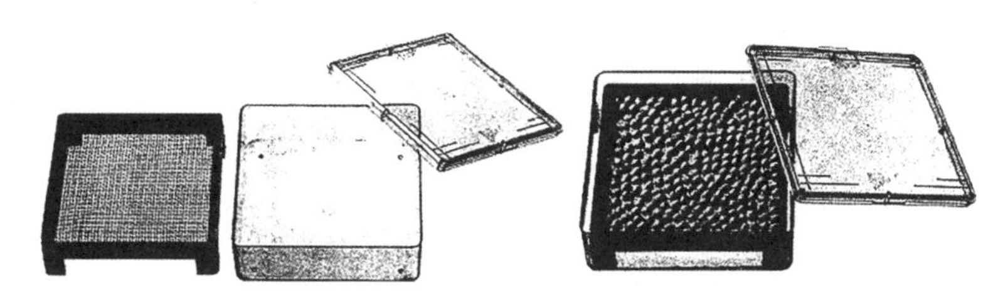

图8-5　老化盒及网架盘（胡晋，2006）

（2）加速老化。把40 mL去离子水或蒸馏水放入塑料老化盒，然后插入网架。从净种子中称取（42±0.5）g大豆种子（至少含有200粒种子），放在网架上，摊成一层以保证种子的吸湿。每次外箱用于AA测定，应包括一个对照样品。每一老化盒盖上盖子，但不密封。

将内箱排成一排放在网架上，同时放入外箱内。为了使温度均匀一致，外箱内的2个老化盒之间间隔大约为2.5 cm。记录内箱放入外箱的时间。准确监控老化外箱的温度在表8-2的范围和时间内，如大豆种子在（41±0.3）℃温度保持72 h。在老化规定期间，不能打开外箱的门。

在老化结束时进行标准发芽前，从内箱中取出对照样品的一个小样品（10～20粒），马上称重，用烘箱法测定种子水分（以鲜重为基础），记录对照样品种子水分。如果种子水分低于或高于表8-2所规定的值（对于大豆，种子水分应在27%～30%），则试验结果不准确，应重做试验。对于大豆种子可以应用称重法判断，老化后的种子低于52 g或高于55 g，表明测定结果不精确，应重做试验。

表 8-2　不同作物种子加速老化试验条件

属和种名	内　箱		外　箱		老化后种子水分(%)
	种子重量(g)	箱数目	老化温度(℃)	老化时间(h)	
大豆	42	1	41	72	27～30
苜蓿	3.5	1	41	72	40～44
菜豆(干)	42	1	41	72	28～30
菜豆(法国)	50	2	45	48	26～30
菜豆(菜园)	30	2	41	72	31～32
油菜	1	1	41	72	39～44
玉米(大田)	40	2	45	72	26～29
玉米(甜)	24	1	41	72	31～35
莴苣	0.5	1	41	72	38～41
绿豆	40	1	45	96	27～32
洋葱	1	1	41	72	40～45
辣椒属	2	1	41	72	40～45
红三叶	1	1	41	72	39～44
黑麦草	1	1	41	48	36～38
高粱	15	1	43	72	28～30
苇状羊茅	1	1	41	72	47～53
烟草	0.2	1	43	72	40～50
番茄	1	1	41	72	44～46
小麦	20	1	41	72	28～30

资料来源：ISTA，1995。

(3) 发芽试验。经 72 h 老化后，从外箱取出内箱。取出 1 h 内，用 50 粒 4 个重复进行标准发芽试验。该结果与老化前同一种子批的发芽试验结果比较，如果 AA 结果类同于标准发芽试验结果，为高活力，低于标准发芽试验结果，为中至低活力。这样，可用该结果来排列种子批活力，以判定贮藏潜力或每一种子批的播种潜力。

三、电导率测定

1. 测定原理　种子吸胀初期，细胞膜重建和修复能力影响电解质(如氨基酸、有机酸、糖及其他离子)渗出程度，重建膜完整性速度越快，渗出物越少。高活力种子能够更加快速地重建膜，且最大限度修复任何损伤。因此，高活力种子浸泡液的电导率低于低活力种子。电导率与田间出苗率呈负相关。

2. 适用范围　《国际种子检验规程》所规范的电导率测定(conductivity test)适用于豌豆种子；ISTA 活力手册指出该法也适用于许多其他种。

3. 测定程序　可用直接读数的电导仪，电极常数须达到 1.0（电极常数是指电极板之间的有效距离与极板的面积之比）。最好使用去离子水，也可使用蒸馏水。在 20 ℃下，去离子水电导率不超过 2 μS/cm，蒸馏水电导率不超过 5 μS/cm。使用前水应保持在（20±1）℃。容器使用前必须冲洗干净。测定前需要校正电极，试验前先启动电导仪至少 15 min。对于水分低于 10%或高于 14%的种子批，应在浸种前将其水分调至 10%～14%。

（1）准备烧杯。准确量取 250 mL 去离子水或蒸馏水，倒入 500 mL 的烧杯中。装水的所有烧杯应用铝箔或薄膜盖子盖好，以防污染。在盛放种子前，先在 20 ℃下平衡 24 h。每次测定准备 2 个只装去离子水或蒸馏水的对照杯。

（2）准备试样。随机数取净种子，设 4 个重复，每重复 50 粒，称重精确至 0.01 g。

（3）浸种。已称重试样放入已盛有 250 mL 去离子水的 500 mL 粘有标签的烧杯中。轻轻摇晃容器，确保所有种子完全浸没。所有容器用铝箔或薄膜盖好，在（20±1）℃放置 24 h。在同一时间内测定的烧杯数量不能太多，通常为 10～12 个容器，一批测定一般不超过 15 min。

（4）测定溶液电导率。24 h±15 min 的浸种结束后，马上测定溶液的电导率。盛有种子的烧杯应轻微摇晃 10～15 s，移去铝箔或薄膜盖，电极插入不要过滤的溶液，注意不要把电极放在种子上。测定几次直到获得一个稳定值。测定一个试样重复后，用去离子水或蒸馏水冲洗电极 2 次，用滤纸吸干，再测定下一个试样重复。如果在测定期间观察到硬实，测定电导率后应将其除去，记数，干燥表面，称量，并从 50 粒种子样品重量中减去其重量。每一重复应从上述容器的测定值中减去对照杯中的测定值（烧杯的背景值）。根据下式计算每一重复的种子重量的每克电导率。

$$\text{电导率}[\mu S/(cm \cdot g)] = \frac{\text{每烧杯的电导率}(\mu S/cm)}{\text{种子样品的质量}(g)} \quad (8-1)$$

4 次重复间平均值为种子批的结果。4 次重复间容许差距为 5 μS/（cm・g）（最低和最高的差），如超过，应重做 4 次重复。

四、控制劣变试验

控制劣变测定（controlled deterioration test）的原理和加速老化试验相似，但对种子水分及老化温度的要求更加严格。具体方法为：首先测定种子水分。取 400 多粒种子样品称重后置于湿润的培养皿内，让其吸湿至规定的水分（用称重法计算种子水分）：白菜、胡萝卜、糖用甜菜为 24%，羽衣甘蓝为 21%，甘蓝、芜菁、花椰菜、萝卜、莴苣为 20%，洋葱为 19%，红三叶为 18%。达到规定水分后将种子放入密封的容器中，于 10 ℃下过夜，使种子水分分布均匀。然后将种子装进铝箔袋内并加热密封，置 45 ℃水浴槽中的金属网架上，经 24 h 取出种子进行标准发芽试验，种子胚根露出即视为发芽。发芽率高的种子活力亦高。此法试验结果与田间出苗率显著相关，且重演性好，但仅适用于小粒种子。

五、其他测定指标

1. 发芽指数 采用标准发芽试验方法，每日记载正常发芽种子数。计算发芽指数(germination index，GI)：

$$\mathrm{GI}=\sum \frac{Gt}{Dt} \tag{8-2}$$

式中，Dt 为发芽日数；Gt 为与 Dt 相对应的每天发芽种子数。发芽指数高则活力高。

2. 活力指数 采用标准发芽试验方法，每日记载正常发芽种子数。发芽结束时，测定正常幼苗长度或重量。计算活力指数(vigour index，VI)：

$$\mathrm{VI}=\mathrm{GI}\times \mathrm{S} \tag{8-3}$$

式中，GI 为发芽指数；S 为一定时期内正常幼苗长度(cm)或重量。

3. 平均发芽日数(MGT) 采用标准发芽试验方法，每日记载正常发芽种子数。计算平均发芽日数(MGT)：

$$\mathrm{MGT}=\frac{\sum(Gt\times Dt)}{\sum Gt} \tag{8-4}$$

式中，D_t 为发芽日数；Gt 为与 Dt 相对应的每天发芽种子数。平均发芽日数常用来表示发芽速率，平均发芽日数越少，发芽速度越快，活力越高。

第九章 种子重量测定

第一节　种子重量测定的概念及意义

一、种子重量测定的概念

种子重量(seed weight)测定是指测定一定数量种子的重量,实际操作时是指测定 1 000 粒种子的重量,即千粒重(thousand-seed weight)。

种子千粒重通常是指自然干燥状态的 1 000 粒种子的重量。我国 1995 年颁布的《农作物种子检验规程》中,种子千粒重是指国家标准规定水分的 1 000 粒种子的重量,以克(g)为单位。

实际中,环境的差异会导致不同种子批在不同地区和不同季节含水量差异很大,为了方便比较不同水分下的种子千粒重,需要将实测水分换算成统一标准的规定水分,从而计算 1 000 粒种子的重量。

二、种子重量测定的意义

种子千粒重在农业生产中具有重要的意义,主要体现在以下几个方面。

1. 千粒重是种子活力的重要体现　通常来说,同一作物品种在相同的水分条件下,种子的千粒重越高表明种子的充实度越好。种子内部贮藏的营养物质越丰富,种子的质量也就越好,播种后可以快速整齐出苗,出苗率高,幼苗健壮,并能保证田间的成苗密度,从而可以提高作物的产量。

2. 千粒重是计算田间播种量的依据　计算播种量的另外 2 个因素是种子用价和田间栽培密度。同一作物不同品种的千粒重不同,则其田间播种量也应有差异。实际生产中,可以根据种植株数、栽培密度、种子千粒重和发芽率等指标来确定播种量。

3. 千粒重是产量的构成因素之一　在预测作物产量时,要做好千粒重的测定。例如,水稻大田测产时，根据有效穗数、每穗实粒数和千粒重 3 个参数就可以计算出水稻的理论产量。

4. 千粒重是种子多项品质的综合体现 千粒重与种子的饱满度、充实度、均匀度、粒的大小 4 项品质指标呈正相关，如果要单个测量以上指标则分别需要用到量筒、比重计、筛子、种子长宽测量器等工具，比较烦琐，而测量千粒重一个指标则相对简单、方便。

第二节　千粒重测定方法

我国《农作物种子检验规程　其他项目检验》(GB/T 3543.7—1995)中，种子千粒重测定有百粒法、千粒法和全量法 3 种方法，可任选其中的一种方法进行测定。测量时所用的仪器和设备主要有电子自动数粒仪或供发芽试验用的数种设备及不同感量的天平。

一、百粒法

1. 数取试样 从净度分析后的净种子中用手工或电子自动数粒仪随机数取 8 个重复，每个重复 100 粒。

2. 试样称重 将 8 个重复的试样分别称重(g)，重量的小数位数与净度分析相同。

3. 计算千粒重 按式(9-1)、式(9-2)分别计算 8 个重复的平均重量、标准差和变异系数。

$$\text{标准差}(S)=\sqrt{\frac{n(\sum X^2)-(\sum X)^2}{n(n-1)}} \tag{9-1}$$

式中，X 为各重复的重量(g)；n 为重复次数。

$$\text{变异系数}(CV)=\frac{S}{\overline{X}}\times 100 \tag{9-2}$$

式中，S 为标准差；$\overline{X}$ 为 100 粒种子的平均重量(g)。

如果带有稃壳的禾本科作物种子变异系数不超过 6.0，其他种类种子的变异系数不超过 4.0，则可以根据实测结果计算种子的千粒重。如果变异系数超过上述容许变异系数，应再取 8 个重复称重，计算 16 个重复的标准差，凡与平均数之差超过 2 倍标准差的重复略去不计，最后将每个重复 100 粒种子的平均重量乘以 10 即测得的种子千粒重。

二、千粒法

1. 数取试样　从净度分析后的净种子中用手或电子自动数粒仪随机数取 2 个重复，大粒种子每个重复 500 粒，中、小粒种子每个重复 1 000 粒。

2. 试样称重　2 个重复的试样分别称重(g)，重量的小数位数与净度分析相同。

3. 计算千粒重　计算 2 个重复的平均重量，2 份重复的重量差数与平均数之比不应超过 5%，若超过则应再分析第 3 份重复，直至符合要求。用 500 粒大粒种子进行测定的，取差距小的 2 份重复的平均数乘以 2 即实测的千粒重；用 1 000 粒中、小粒种子进行测定的，取差距小的 2 份重复的平均数即实测的千粒重。

三、全量法

1. 数取试样　用手或电子自动数粒仪数取净度分析后全部净种子的总粒数。

2. 试样称重　称量全部种子的重量(g)，重量的小数位数与净度分析相同。

3. 计算千粒重　根据试样的重量和试样的总粒数，按式(9－3)计算种子的实测千粒重。

$$\text{实测千粒重} = \frac{m}{n} \times 1\,000 \tag{9-3}$$

式中，m 为试样的总重量(g)；n 为种子的总粒数。

选用上述 3 种方法中的任何一种测定千粒重后，需根据实测千粒重和实测水分，按国家种子质量标准(如 GB 4404.1—2008、GB 4407.1—2008 等)规定的种子水分，换算成该规定水分千粒重，计算公式如下。

$$\text{千粒重(规定水分)(g)} = \frac{\text{实测千粒重(g)} \times [1 - \text{实测水分(\%)}]}{1 - \text{规定水分(\%)}} \tag{9-4}$$

将规定水分下的种子千粒重填入种子检验结果报告单“其他测定项目”栏中，保留测定重量时所用的小数位数。丸化种子的重量测定选择上述 3 种方法中的任何一种测定，计算净度分析后的净丸化粒 1 000 粒的重量。

第十章 种子健康测定

第一节　种子健康测定概述

一、种子健康测定的目的和重要性

种子健康测定的目的主要是检测种子是否携带有病原菌（如真菌、细菌及病毒），有害的动物（如线虫及害虫）等健康状况。种子传播的病虫害有700多种，其中病害主要为真菌病害、细菌病害、病毒病害、线虫病害4类。

种子健康测定的重要性有以下几方面。

（1）防止种子携带的病原体引起田间病害发生与蔓延，保证作物产量和商品价值。

（2）防止种子的流通（包括进口种子批）将病虫害带入新区。

（3）了解种子的种用价值，经测定可推知种子批的健康状况，确定种子是否需要进行处理。

（4）查明室内发芽不良或田间出苗差的原因，从而弥补发芽试验的不足。

在我国，也经历过从国外引入带菌种子把新的病害传入国内，对农业生产造成严重影响的教训。甘薯黑斑病首先发现于美国，后传到日本，1937年从日本传到我国辽宁省，现在全国各地均有发生。棉花黄萎病及枯萎病来自由美国引入的'斯字4号'棉种，后在国内广泛传播。

目前随着国内外种子贸易的增加，种子携带病虫传播和蔓延的机会也随之增多，一旦种子携带的病虫害传入新区，就会给农业生产造成重大的损失和灾难。因此，目前种子健康测定日益得到重视。

二、种子健康测定方法的特点

种子健康测定如同种子纯度鉴定一样，也分为田间检验和室内检验。

种子健康测定的室内检验方法主要有未经培养检验和培养后检验。未经培养检验包括直接检验、吸胀种子检验、洗涤检验、剖粒检验、染色检验、相对密度检验、软X射线检验和过筛检验等;培养后检验包括吸水纸法、砂床法、琼脂皿法等。

田间检验,病虫表现明显,容易进行检查。有些病害在田间观察得很清楚,而有些病害需要室内检验。例如,大麦、小麦的散黑穗病在田间检测很容易,在室内检测则很困难或者费用较高;一些病毒病在种子外表无明显症状,又较难以用分离培养的方式来诊断,田间检验就比较容易确定带的是什么病毒。印度腥黑穗病很难在田间检验,但在实验室检验时,即使孢子浓度很低也能检测。

种子健康测定方法的选择主要取决于种子种类、病害种类及检测目的。例如,对于调查、作出种子处理决定或进行田间评定等目的,只需评定种传病菌感染率。而对于检疫目的或田间高发病率的种传病,对种子样品的检测精度要求很高。由于病害感染水平与田间发病程度之间没有直接的联系,在许多检测方法中,一般不记录每粒种子的病原数量。

种子健康测定的方法,一般要求有使病原体易于识别、结果有重演性、样品间结果有可比性和简单快速等特点。

但在实际检测过程中,检测结果经常会受到一些因素的影响,具体如下。

(1) 其他病原菌的存在可能干扰被测病原菌。

(2) 室内检验结果通常高于田间或温室的检测结果。

(3) 有些病原菌对培养条件敏感。

(4) 种子已经处理。

(5) 种传病原菌生活力随着长时间的贮藏而衰退。

第二节　种子健康测定方法

《农作物种子检验规程　其他项目检验》(GB/T 3543.7—1995)中规定了一些病虫的测定方法。对于该规程中没有提到的病原菌的检测方法,可参照国际种子检验协会(ISTA)出版的《国际种子检验规程》中的“第7章　种子健康测定”,以及相关的测定手册,如《真菌检测　常见实验室种子健康测定方法》《种传真菌　常规种子健康分析》等。目前常见的种子健康测定方法如下。

一、未经培养的检验方法

未经培养的检验不能说明病原菌的生活力,主要方法有以下几种。

1. 直接检验 适用于较大的病原体或杂质外表有明显症状的病害，如麦角、线虫瘿、虫瘿、黑穗病孢子、螨类等。必要时可应用双目显微镜对试样进行检查，取出病原体或病粒，称其重量或计算其粒数。

2. 吸胀种子检验 为使子实体、病症或害虫更容易被观察到或促进孢子释放，把试验样品浸入水或其他液体中，种子吸胀后检查其表面或内部，可用双目显微镜观察。

3. 洗涤检验 用于检查附着在种子表面的病菌孢子或颖壳上的病原线虫。

分取样品 2 份，每份 5 g，分别倒入 100 mL 锥形瓶内，加无菌水 10 mL，为使病原体洗涤更彻底，可加入 0.1%润滑剂(如磺化二羧酸酯)，置振荡机上振荡。光滑种子振荡 5 min，粗糙种子振荡 10 min。将洗涤液移入离心管内，在 1 000～1 500 r/min 条件下离心 3～5 min。用吸管吸去上清液，留 1 mL 沉淀部分，稍加振荡。用干净的细玻璃棒将悬浮液分别滴于 5 片载玻片上，盖上盖玻片。用 400～500 倍的显微镜检查，每片检查 10 个视野，并计算每视野的平均孢子数，据此可计算病菌孢子负荷量，按式(10-1)计算。

$$N=\frac{n_1\times n_2\times n_3}{n_4} \tag{10-1}$$

式中，N 为每克种子的孢子负荷量；n_1 为每视野平均孢子数；n_2 为盖玻片面积上的视野数；n_3 为 1 mL 水的滴数；n_4 为供试样品的重量。

4. 剖粒检验 剖粒检验是把怀疑潜藏有某种害虫的种子用工具剖开，然后再进行检查的方法。取试样 5～10 g(小麦等中粒种子 5 g，玉米、豌豆等大粒种子 10 g)，用刀剖开或切开种子的被害或可疑部分，检查害虫数。

5. 染色检验

(1) 高锰酸钾染色法。适用于检查隐蔽的米象、谷象。取试样 15 g，除去杂质，倒入铜丝网中，于 30 ℃水中浸泡 1 min，再移入 1%高锰酸钾溶液中染色 1 min。然后用清水洗涤，倒在白色吸水纸上用放大镜检查，挑出粒面上带有直径 0.5 mm 斑点的籽粒，即害虫籽粒，计算害虫含量。

(2) 碘或碘化钾染色法。适用于检验豌豆象。取试样 50 g，除去杂质，放入铜丝网中或用纱布包好，浸入 1%碘化钾或 2%碘酒溶液中 1.0～1.5 min。取出放入 0.5%的氢氧化钠溶液中，浸 30 s，取出用清水洗涤 15～20 s，立即检验，如豆粒表面有直径 1～2 mm 的圆斑点，即豆象感染籽粒，计算害虫含量。

6. 相对密度检验 被米象、谷蠹、豆象和麦蛾危害过的种子相对密度比较小，可用相对密度法捞出浮种进一步检查。取试样 100 g，除去杂质，倒入饱和食盐溶液中(35.9 g 食盐溶于1 000 mL水中)，搅拌10～15 min，静置1～2 min，将悬浮在上层的种子取出，结合剖粒检验，计算害虫含量。

将稻谷等较轻籽粒倒入2%硝酸铵溶液中，搅拌1 min，即可使被害粒上浮而分开计算。

7. 软X射线检验　用于检查种子内隐匿的虫害(如蚕豆象、玉米象、麦蛾等)。经软X射线照射时，隐匿在种子内部的幼虫、蛹、成虫和虫蛀孔清楚可辨，可通过照片或直接从荧光屏上观察。

8. 过筛检验　过筛检验是根据健康种子与虫体、虫卵、虫瘿、菌核、菌瘿和杂草种子等个体大小的差异，通过筛理把它们分离出来再进行鉴定的方法。这种检验方法适用于散布在种子中间的害虫(成虫或幼虫)，油菜籽中的菌核、大豆种子中的菟丝子及杂草种子等也可利用这种方法进行检验。

二、培养后的真菌检测方法

试验样品经过一定时间培养后，检查种子内外部和幼苗上是否存在病原菌或其症状。根据培养基不同，培养后的真菌检测方法可分为以下3类。

1. 吸水纸法　吸水纸法适用于许多类型种子的种传真菌性病害的检验，尤其是对于许多半知菌，有利于分生孢子的形成和致病真菌在幼苗上症状的发展。

为了促进孢子形成，建议在培养期间给予12 h黑暗与12 h近紫外线(NUV)的交替处理。建议光源使用“黑光”荧光灯(波长为360 nm)，日光荧光灯管效果也好。操作程序为：①在培养皿中放入3层吸水纸，用无菌蒸馏水湿润，沥去多余水分；②把种子播在纸上，盖好培养皿；③放在20 ℃条件下让种子吸胀1 d；④在－20 ℃条件下冷冻过夜，杀死种子；⑤在18～20 ℃和每天12 h黑暗与12 h近紫外灯光照交替处理下培养(培养的时间视所培养的真菌种类而定，一般为5～7 d)，培养皿位于距光源40 cm处；⑥在体视显微镜下观察，观察时用冷光，以防止孢子结构脱水。

(1) 稻瘟菌(*Pyricularia oryzae* Cav.)检测。取试样400粒种子，将培养皿内的吸水纸用水湿润，每个培养皿播25粒种子，在22 ℃条件下用12 h黑暗和12 h近紫外灯光照交替培养7 d。在12～50倍放大镜下检查每粒种子上的稻瘟菌分生孢子。一般这种真菌会在颖片上产生小而不明显、灰色至绿色的分生孢子，这种分生孢子成束地着生在短而纤细的分生孢子梗顶端，菌丝很少覆盖整粒种子。如有怀疑，可在200倍显微镜下检查分生孢子来核实。典型的分生孢子为倒梨形，透明，基部钝圆具有短齿，分2隔，通常具有尖锐的顶端，大小为(20～25)μm×(9～12)μm(图10-1、图10-2)。

图 10-1　水稻颖片上生长的稻瘟菌

图 10-2　稻瘟菌的分生孢子及分生孢子梗

(2) 水稻胡麻叶斑病菌[*Drechslera* · *oryzae* (Breda · de · Haan) Subram · & · Jain]检测。取试样种子 400 粒，将培养皿里的吸水纸用水湿润，每个培养皿播 25 粒种子，在 22℃条件下用 12 h 黑暗和 12 h 近紫外灯光照交替培养 7 d。在 12～50 倍放大镜下检查每粒种子上的胡麻叶斑病菌的分生孢子。该菌在种皮上会形成分生孢子梗和淡灰色气生菌丝，有时病菌会蔓延到吸水纸上。如有怀疑，可在 200 倍显微镜下检查分生孢子来核实。其分生孢子为月牙形，大小为(35～170) μm×(11～17) μm，淡棕色至棕色，中部或近中部最宽，两端渐渐变细变圆(图 10-3)。

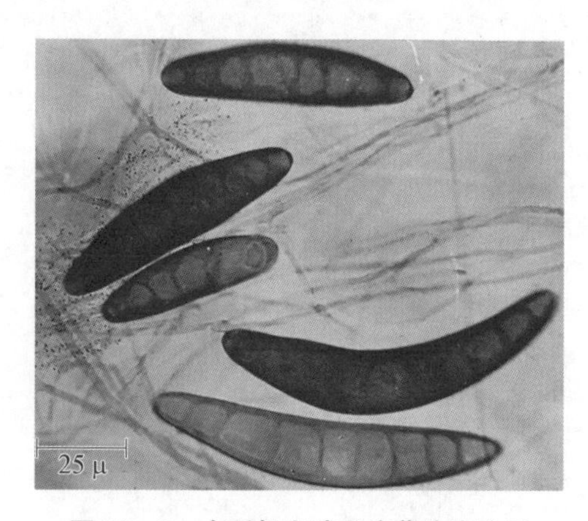

图 10-3　水稻胡麻叶斑病菌分生孢子

2. 砂床法　砂床法适宜于某些病原菌的检验。用砂时应通过 1 mm 孔径的筛子，去掉砂中杂质，并将砂粒清洗，高温烘干消毒后放入培养皿内加水湿润，种子排列在砂床内，然后密闭保持高温，培养温度与纸床相同，待幼苗顶到培养皿盖时进行检查(经 7～10 d)。

3. 琼脂皿法　琼脂皿法主要适用于发育较慢的、潜伏在种子内部的致病真菌，也可用于检验种子外表的病原菌。

(1) 小麦颖枯病菌(*Septoria nodorum* Berk.)检测。先数取试样种子 400 粒，经 1% (*m*/*m*)次氯酸钠消毒 10 min 后用无菌水洗涤。在含 0.01%硫酸链霉素的麦芽或马铃薯左旋糖琼脂培养基上，每个培养皿播 10 粒种子于琼脂表面，在 20℃黑暗条件下培养 7 d。用肉眼检查每粒种子上缓慢长成圆形菌落的情况，该病菌菌丝体为白色或乳白色，通常稠密地覆盖着感染的种子。菌落的背面呈黄色或褐色，并随其生长颜色变深(图 10-4)。

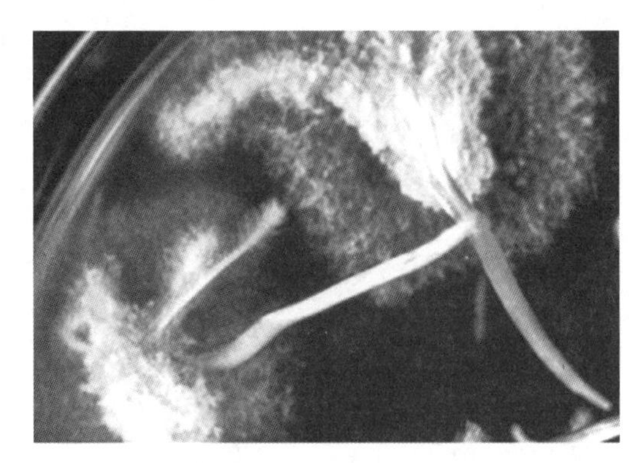

图 10-4　琼脂皿法培养后白色丛生的颖枯壳针孢菌丝体

(2) 豌豆褐斑病菌(*Ascochyta pisi* Lib)检测。先数取试样种子 400 粒，经 1%(m/m)次氯酸钠消毒 10 min 后用无菌水洗涤。在麦芽或马铃薯葡萄糖琼脂培养基上，每个培养皿播 10 粒种子于琼脂表面，在 20 ℃黑暗条件下培养 7 d。用肉眼检查每粒种子外部盖满的大量白色菌丝体。对有怀疑的菌落，可放在 25 倍放大镜下观察，根据菌落边缘的波状菌丝来确定。

三、细菌测定方法

1. 生长植株鉴定　最简单的方法是种植有种传细菌的种子，鉴定幼苗的症状。

2. 检验室方法　检验室测定细菌方法的程序如下。

(1) 病原体提取。提取方法主要有通过浸泡种子和通过磨碎或破碎种子并在液体中浸湿 2 种方法。种子数量和方法应根据试验确定。

(2) 分离。通过琼脂皿可以将病原细菌从提取后的溶液中分离出来，将提取液原液或者稀释液涂布在琼脂皿上，可分生出单个或者许多菌落。

(3) 细菌鉴定。可用下列方法：生物化学检测法、血清检测法、噬菌体检测法、致病体核酸杂交探针法。

四、病毒测定方法

种传病毒的检测也可以与细菌检测一样，即利用田间种植鉴定和室内检测。田间种植鉴定将样品种子播种后，观察幼苗的症状。也可以将种子或幼苗的提取液接种至"指示植物"上，更易观察和鉴定症状。在实验室中，由于种传病毒检测目前还存在着不易被分离出纯系的问题，而细菌与真菌的方法也不适用于病毒检测，所以检测种传病毒的难度很大。随着血清学和免疫学技术的发展，室内检验能够检测出许多重要的种传病害，常用的方法有酶联免疫吸附(ELISA)、免疫吸附电镜和多克隆抗体或非常专一的单克隆抗体技术。随着分子生物学技术的发展，使得通过序列分析检测任何病原菌成为可能，利用聚合酶链反应(PCR)的分子检测技术成为快速而准确的种传病毒检测方法，目前报道的方法有反转录聚合酶链反应(reverse transcription PCR, RT - PCR)、免疫捕捉 PCR(immunocapture PCR, IC - PCR)、实时荧光定量 PCR(realtime fluorescent quantitative PCR, RT - qPCR)。此外,生物芯片(biochip)技术已被用于种子的健康检验和脱毒苗的检测,尤其是种子带病原因的检测。

五、其他方法

大麦散黑穗病菌(*Ustilago nuda* Rostr.)可用整胚检验。

试验采用 2 个重复,每个重复的试验样品为 100～120 g(根据千粒重推算含有 2 000～4 000 粒种子)。先将试验样品放入 1 L 新配制的 5%(*V*/*V*)NaOH 溶液中,在 20℃条件下保持 24 h。用温水洗涤,使胚从软化的果皮里分离出来。将胚收集于 1 mm 网孔的筛中,再用网孔较大的筛子收集胚乳和稃壳。将胚放入乳酸苯酚(甘油、苯酚和乳酸各 1/3)和水的等量混合液里,使胚和稃壳能进一步分离。再将胚移至盛有 75 mL 清水的烧杯中,置于通风柜里保持在沸点大约 30 s,以除去乳酸苯酚,并将其洗净。然后将胚移入新配制的微温甘油中,放在 16～25 倍放大镜下,配置适当的台下灯光,检查大麦散黑穗病所特有的金褐色菌丝体,每个重复检查 1 000 个胚。

测定样品中是否存在细菌、真菌或病毒等,可用生长植株进行检查,可在供检的样品中取出种子进行播种,或从样品中取得接种体,以供对健康幼苗或植株的一部分进行感染试验。应注意植株从其他途径传播感染,并控制各种条件。

六、结果表示与报告

以供检样品感染种子数的百分率或样品重量中病原体的数目表示结果。把结果填报在种子检验结果报告单"其他项目测定"栏内,要写明病原菌的拉丁学名。填报结果必须同时说明所用的测定方法,包括所用的预措方法和用于检验的样品或部分样品的数量。

第十一章 种子贮藏生理特性

第一节　种子的呼吸作用

种子从收获至再次播种前需要经过或长或短的贮藏阶段。种子贮藏期限的长短,因作物种类、种子含水量、贮藏条件等不同而不同,种子呼吸和后熟作用与种子的安全贮藏及贮藏时间长短有密切关系。

一、种子的呼吸特点

种子是活的有机体,时刻都在进行着呼吸作用,即使是非常干燥或处于休眠状态的种子,呼吸作用仍在进行,只是强度减弱。了解种子的呼吸作用及其影响因素,对控制呼吸作用和做好种子贮藏工作具有重要的实践意义。

1. 种子呼吸的概念和部位

(1) 呼吸作用的概念。种子呼吸作用是指种子内部活组织在酶和氧的参与下,将本身的贮藏物质进行一系列的氧化还原反应,生成二氧化碳和水,同时释放能量的过程。它为种子提供生命活动所需的能量,促使种子有机体内生化反应和生理活动正常进行。种子的呼吸作用状况是贮藏期间种子维持生命活动的集中表现,因为贮藏期间不存在同化过程,而主要进行分解作用和劣变过程。

(2) 种子呼吸的部位。种子呼吸作用是种子内部活组织特有的生命活动,如禾谷类种子中只有胚部和糊粉层细胞是活组织,因此种子呼吸作用在胚和糊粉层细胞中进行。种胚虽仅占整粒种子的 3%～13%,但它却是呼吸最活跃的部分,其次是糊粉层。果种皮和胚乳经脱水干燥后,细胞已经死亡,无呼吸作用,但果种皮和通气性有关,也会影响种子呼吸的性质和强度。

2. 种子呼吸的性质　种子呼吸的性质根据是否有外界氧气参与分为 2 类:有氧呼吸

(aerobic respiration)和无氧呼吸(anaerobic respiration,或称缺氧呼吸)。

(1) 有氧呼吸。即通常所指的呼吸作用,以葡萄糖为呼吸底物,其过程总反应式如下:

$$\underset{\text{葡萄糖}}{C_6H_{12}O_6} + \underset{\text{氧气}}{6O_2} \longrightarrow \underset{\text{二氧化碳}}{6CO_2} + \underset{\text{水}}{6H_2O} + \underset{\text{能量}}{2\,870.224\,kJ}$$

(2) 无氧呼吸。一般指在缺氧条件下,种子中活细胞通过酶的催化作用,将种子贮存的某些有机物质分解成为不彻底的氧化产物,同时释放出较少能量的过程。其代表反应式如下:

$$\underset{\text{葡萄糖}}{C_6H_{12}O_6} \longrightarrow \underset{\text{酒精}}{2C_2H_5OH} + \underset{\text{二氧化碳}}{2CO_2} + \underset{\text{能量}}{100.416\,kJ}$$

一般无氧呼吸产生酒精,但马铃薯块茎、甜菜块根、胡萝卜和玉米种胚则产生乳酸,其反应式如下:

$$\underset{\text{葡萄糖}}{C_6H_{12}O_6} \longrightarrow \underset{\text{丙酮酸}}{2CH_3COCOOH} + 4H \longrightarrow \underset{\text{乳酸}}{2CH_3CHOHCOOH} + \underset{\text{能量}}{75.312\,kJ}$$

有氧呼吸和无氧呼吸在初期阶段是相同的,直到糖酵解形成丙酮酸后,由于氧的有无而形成不同途径。在有氧情况下,丙酮酸经三羧酸(TCA)循环,最后完全分解为 CO_2 和 H_2O;在缺氧情况下,丙酮酸不经 TCA 循环,而直接进行酒精发酵或乳酸发酵、丁酸发酵等。

种子呼吸的性质因环境条件、作物种类和种子品质不同而不同。干燥、果种皮紧密、完整饱满的种子处在干燥、低温和密闭缺氧的条件下,以无氧呼吸为主,呼吸强度低;反之则以有氧呼吸为主,呼吸强度高。种子在贮藏过程中,2 种呼吸方式往往同时存在,通风透气的种子堆,一般以有氧呼吸为主,但种堆底部、内部深处仍存在无氧呼吸。通气不良或氧气供应不足时,则以无氧呼吸为主。水分高的种子堆,由于呼吸旺盛,堆内种温升高,如果通气不良,便会产生乙醇,当其积累过多时往往会抑制种子呼吸,甚至使胚中毒死亡。

二、种子呼吸作用的生理指标

种子的呼吸作用主要用呼吸强度[亦称呼吸速率(respiratory rate)]和呼吸系数[亦称呼吸商(respiratory quotient),简称 RQ]2 个指标来衡量。

1. 种子呼吸强度 种子呼吸强度是指在单位时间内,单位重量种子所放出的二氧化碳量或吸收氧气的量。它是衡量种子呼吸强弱的指标,常用单位是 $mgCO_2/(g \cdot h)$ 或 $mgO_2/(g \cdot h)$。

种子贮藏过程中,无论有氧还是无氧呼吸,呼吸强度增加均对种子有害。种子长期处在有氧呼吸条件下,释放的水分和热能,会加速贮藏物质的消耗和生活力的丧失。含水量较高的种子贮藏期间若通风不良,种子呼吸放出的一部分水汽会被种子吸收,而释放出来的热能则积聚在种子堆内不易散发出来，因而加剧种子的代谢作用；在密闭缺氧条件下，呼吸强度越高，越易造成缺氧而产生和积累有毒物质，导致种子窒息而死。因此，对水分高的种子，入仓前应充分干燥。

2. 种子呼吸系数　种子呼吸系数是指种子在单位时间内，放出二氧化碳与吸收氧气的体积之比，是表示种子中呼吸底物的性质和氧气供应状态的一种指标。

种子呼吸系数随着呼吸底物、氧气供应状况不同而异。如呼吸底物中氧/碳值等于 1 的（如碳水化合物），氧化完全，则呼吸系数为 1，如氧/碳值小于 1 的（如脂肪和蛋白质），则呼吸系数小于 1，呼吸底物为有机酸，呼吸系数则大于 1。种子缺氧呼吸时，呼吸系数大于 1，而有氧呼吸时，呼吸系数等于 1 或小于 1。所以从呼吸系数的变化也可判定种子的呼吸状况。

第二节　影响种子呼吸强度的因素

种子呼吸强度的大小，因作物、品种、成熟度、种子大小、完整度、生理状态和收获期不同而不同，同时还受水分、温度和通气状况等环境因素影响。

一、水分

种子呼吸强度随含水量的增加而提高（图 11－1）。潮湿的种子呼吸作用旺盛，干燥的种子则非常微弱。因为酶随种子水分的增加而活化，把复杂的物质转变为简单的呼吸底物，所以种子水分越高，贮藏物质的水解作用越快，呼吸作用越强烈，氧气的消耗量越大，放出的二氧化碳和热量越多。可见种子中游离水的增多是种子新陈代谢强度急剧增加的决定因素。

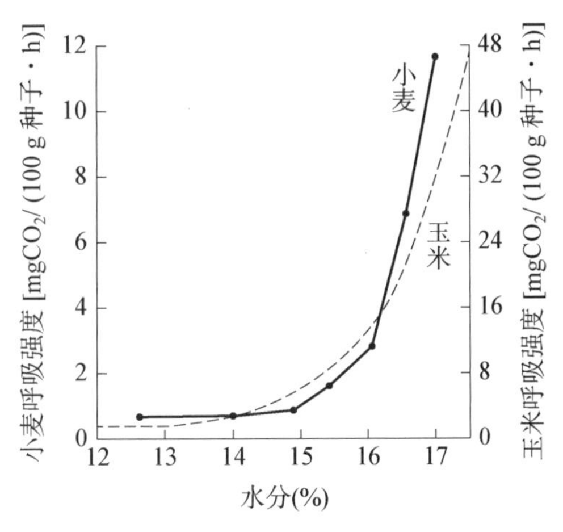

图 11－1　不同水分的玉米和小麦种子的呼吸强度[$mgCO_2$/(100 g 种子 · h)]（潘瑞炽等，1984）

二、温度

在一定温度范围内，种子的呼吸作用随着温度的升高而加强，高水分的种子尤为明显，超过一定温度又开始下降。在最适温度下，原生质黏滞性较低，酶的活性强，呼吸旺盛；而温度过高，酶和原生质遭受损害，使生理作用减慢或停止。如小麦种子，呼吸强度在 0～55 ℃范围内逐渐增强，温度超过 55 ℃，呼吸强度又急剧下降。

水分和温度都是影响呼吸作用的重要因素，二者相互制约。干燥的种子即使在较高温度条件下，其呼吸强度也要比潮湿的种子在同等温度下低得多；同样，潮湿的种子在低温条件下的呼吸强度比在高温下低得多。因此，干燥和低温是种子安全贮藏和延长种子寿命的必要条件。

三、通气

空气流通的程度可以影响种子的呼吸强度与呼吸方式。无论种子水分和种温高低，在通气条件下的呼吸强度均大于密闭贮藏(表 11 - 1)。种子水分和温度越高，通气对呼吸强度的影响越大。但高水分种子，若贮藏于密闭条件下，由于呼吸旺盛，很快便会把种子堆内部间隙中的氧气耗尽，被迫转向无氧呼吸，造成大量氧化不完全的有害物质积累，导致种子迅速死亡。因此，高水分种子尤其是呼吸强度大的油料作物种子不能密闭贮藏，要特别注意通风。含水量不超过临界水分的干燥种子或低温贮藏的种子，由于呼吸作用非常微弱，对氧气的消耗很慢，密闭贮藏则有利于保持种子生活力。在密闭条件下，种子发芽率随着种子水分提高而逐渐下降(表 11 - 2)。

表 11 - 1　通风对大豆种子呼吸强度的影响($mgCO_2$/100 g 干物质・周)

温度(℃)	水分					
	10.0%		12.5%		15.0%	
	通风	密闭	通风	密闭	通风	密闭
0	100	10	182	14	231	45
2～4	147	16	203	23	279	72
10～12	286	52	603	154	827	293
18～20	608	135	979	289	3526	1550
24	1073	384	1667	704	5851	1863

表 11 - 2　通气状况对水稻种子发芽率的影响(常温库贮藏 1 年，%)

材料	原始发芽率	入库水分	贮藏方法	
			通气	密闭
珍汕 97A	94.0	11.4	73.0	93.5
		13.1	73.5	74.5
		15.4	71.5	19.0
汕优 6 号	90.3	11.5	70.2	85.6
		13.0	67.0	83.0
		15.2	61.0	26.5

资料来源：胡晋等，1988。

通气对种子呼吸的影响还与温度有关。种子处在通风条件下，温度越高，呼吸作用越旺盛，生活力下降越快。因此，生产上为有效地长期保持种子生活力，除干燥、低温外，进行合理的密闭或通风是必要的。

四、种子遗传特性

种子的呼吸强度受作物、品种类型等遗传特性影响。一般而言，大胚的种子呼吸强度高于小胚种子。种子化学成分也影响种子的呼吸强度，如油料种子的呼吸强度最高，其次为蛋白质种子，淀粉种子呼吸强度最低。同一作物种子，杂交种子呼吸强度一般均高于常规种子。呼吸强度较高的作物种子也是比较难贮藏的种子。

五、种子本身状态

凡是未充分成熟、不饱满、损伤、冻伤、发过芽、小粒和大胚的种子，呼吸强度高，反之呼吸强度低。因为未成熟、受潮、冻伤以及发过芽的种子含有较多的可溶性物质，酶活性较强；损伤、小粒的种子接触氧气面积相对大；大胚种子的胚部活细胞所占相对比例较大，所以种子呼吸均比较旺盛。

为此，种子入仓前应进行清选，剔除杂质、破碎粒、未充分成熟粒、不饱满粒与虫蚀粒，并进行精选分级，以提高贮藏种子稳定性和一致性。

六、仓虫和微生物

如果贮藏种子感染了仓虫和微生物，一旦条件适宜便大量繁殖，由于它们活动的结果，放出大量的热能和水汽，间接地促进了种子呼吸作用。同时，种子、仓库害虫、微生物三者的呼吸构成种子堆的总呼吸，会消耗大量氧气，释放大量二氧化碳，也间接影响了种子的呼吸方式。在密封条件下，由于仓虫本身的呼吸，使氧气浓度自动降低，从而阻碍仓虫继续发生，即所谓自动驱除，这就是密封贮藏所依据的原理之一。

七、化学物质

二氧化碳、氮气和氨气以及磺胺类杀菌剂、氯化苦等气体和熏蒸剂对种子呼吸作用也有影响，浓度高时往往会影响种子的发芽率。如种子堆内二氧化碳浓度积累至12%时，就会抑制小麦和大豆的呼吸作用；若提高种子水分，二氧化碳浓度为7%时就表现抑制作用。

综上所述，在种子贮藏期间，应尽可能把种子的呼吸作用控制在最低限度，使种子处于极弱的生命活动状态，才能有效保持种子生活力和活力。

第十二章 种子仓库与种子入库

第一节　种子仓库类型与设备

种子仓库是贮藏种子的场所。仓库环境条件的好坏直接影响种子活力和贮藏寿命。仓地应选择坐北朝南、地势高燥的地段，地段土质坚实稳固；仓址要在铁路、公路或水路运输线附近，要尽量接近种子生产基地，以便于种子的运输；仓址要具备种子库所需电力、给排水等建设条件，且要远离烟雾、粉尘、废气等污染源以及易燃易爆场所；仓址要具备足够的场地，可建水泥晒场、种子检验室等配套设施。

一、种子仓库类型

我国的种子仓库类型较多，目前主要以房仓式为主，另外还有机械化圆筒仓、土圆仓、低温库、恒温恒湿种质库和常温库等。下面介绍生产中应用较多的几种种仓类型。

1. 房式仓　是我国目前已建种子仓库中数量最多、容量最大的一种仓型。外形如一般住房，大多为平房。房式仓的建筑形式及结构比较简单，造价较低，但其机械化程度较低，流通费用较高，不宜做周转仓使用。目前建造的大部分是钢筋水泥结构的房式仓，这类种仓较牢固，密闭性能好，能达到防鼠、防雀、防火的要求。仓内无柱子，仓顶均设天花板，内壁四周及地坪都铺设防潮的沥青层。这类种仓适宜于贮藏散装或包装种子。仓容量 15 万～150 万 kg 不等。

2. 机械化圆筒仓　仓体呈圆筒形，一般由十多个筒体排列组成，仓体高大，包括进出仓输送装置、工作塔、筒仓等设施。进出仓输送装置用于将种子输送进工作塔或从筒仓中将种子输送出来；工作塔用来升运和清理种子；工作塔后面设有筒仓用以贮藏种子。工作塔可以固定，也可以移动。筒仓一般用钢筋混凝土制成，也可用热镀锌或合金的薄钢板装配或卷制而成，仓底一般为锥斗式。一般筒仓高 15 m，半径为 3～4 m，每个筒仓可贮藏种子 20 万～

25 万 kg。筒仓内设有遥测温湿仪、通风装置和除尘装置。这类仓房机械化程度高、高度密闭、贮藏种子效果好、仓容大、占地面积小，但造价高、技术性强。一般在大的种子公司或种子加工生产基地有此类仓库。

3. 低温仓库　也称低温库或冷库，是根据种子安全贮藏必需的低温、干燥、密闭等基本条件而建造。其仓房的形状、结构基本与房式仓相同，但构造严密，其不仅内壁四周与地坪有防潮层，而且墙壁及天花板都有很厚的隔热层。低温库不能设窗，库房出入口设有缓冲间，采用防潮隔热门。种垛底部可设有 18 cm 高的透气垫仓板，房内 2 种垛间留有 60 cm 过道，种垛四周边离墙体 50 cm，以利于取样、检查和防潮。仓房内备有降温和除湿机械，以保证种温控制在 15 ℃以下，相对湿度在 65%左右。低温仓是目前较理想的种子库，一般用于贮藏原种、自交系、杂交种等价值较高的种子。低温仓造价比较高，须配有成套的制冷除湿设备。

4. 恒温恒湿种质库　是利用人为或自动控制的制冷设备及装置保持和控制种子仓库内的温度和湿度等贮藏环境，延长种子寿命，保持种子活力，长期贮存作物种质的仓库，又称种质资源库（基因库）。种质资源库主要有贮藏期为 50 年的超长期贮藏库，温度－18 ℃，相对湿度 40%左右；贮藏期为 30 年以上的长期贮藏库，温度－10 ℃以下，相对湿度 30%～40%；贮藏期为 15 年左右的中期贮藏库，温度 0～5 ℃，相对湿度 30%～40%；贮藏期为 1～3 年的短期贮藏库，温度 10～15 ℃，相对湿度 50%～60%，以上这些贮藏库都需配备制冷除湿设备。

二、种子仓库设备

种子仓库应配备有种子检测、装卸和输送、机械通风、清选加工、熏蒸、消防等设备，以及麻袋、编织袋、苫布、箩筐、扫帚等仓用器具。

1. 检测设备　为了掌握种子在贮藏期间的动态和种子出入仓时的质量，必须对种子进行检测。检测设备按所需测定的项目设置，如测温仪、测湿仪、遥测温湿度仪、水分测定仪、烘箱、发芽箱、容重器、放大镜、显微镜和手筛等。现在常用温度湿度遥测仪器，可实时监测种子堆各部位和袋装种子堆垛不同部位的温度和湿度变化情况。

2. 装卸、输送设备　是种子仓库的重要组成部分。按其工作原理可分为气力输送设备和机械输送设备两大类。

（1）气力输送设备。根据气流输送种子的方式可分为吸送式、压送式和混合式 3 种类型。

吸送式可以从几处向一处集中输送，也可以在一个气力输送中完成多个作业机的输送任务。压送式气力输送装置工作时，种子输送是靠风机的压出段所产生的气流压力完成的。混合式气力输送装置是由吸气式和压气式输送装置组合而成的，具有2种类型的共同特点。

(2) 机械输送设备。主要有皮带输送机、斗式升运机、刮板输送机和堆包机等。

① 皮带输送机是把种子向水平方向或稍有倾斜的方向输送的设备，有固定式和移动式2种。

② 斗式升运机是把种子垂直向上输送的装置，由皮带轮、斗料和外罩等组成。

③ 刮板输送机在散装种子作业时，可将种子括到输送机上，减少人工入料程序。刮板机可随时移动(图12-1)。

④ 堆包机也叫平板升运机，种子包装运输作业时，可减少人工扛袋或抬袋工作，减小劳动强度，解放劳动力，而且加速运输过程(图12-2)。

图12-1　刮板输送机(董海洲，1997)

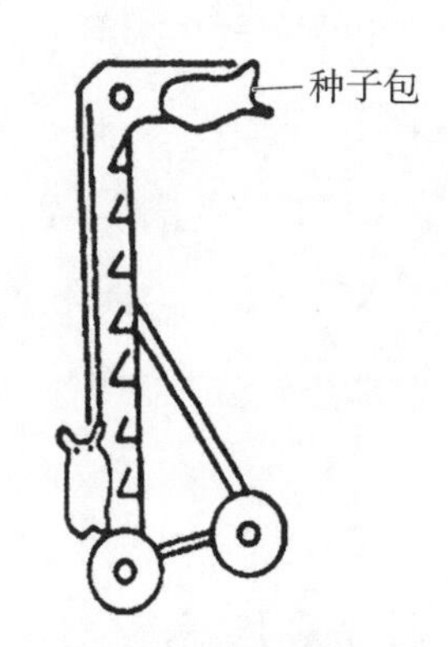

图12-2　堆包机(胡晋，2010)

3. 机械通风和制冷设备　当自然通风不能降低仓内温度、湿度时，应迅速采用机械通风。通风机械主要包括风机(鼓风、吸风)及通风管道(地下、地上2种)。一般情况下的通风方法吸风比鼓风好。另外，低温仓库需要制冷和除湿设备。

4. 种子加工设备　包括清选、干燥、精选、药剂处理和计量(数)包装5个部分。清选设备又可分为粗选和精选2种。干燥设备除了晒场之外，还应有种子烘干机。药剂处理设备主要有消毒机、药物拌种机、种子包衣机等。计量包装机可完成种子定量或定数包装。

5. 熏蒸、消防设备　是种子仓库必不可少的设备。熏蒸设备有投药器、熏蒸剂和各种型号的防毒面具、防毒服等。消防设备主要有各种灭火器、消防栓和干沙等。

第二节　种 子 入 库

种子入库包括入库前的准备、种子包装和合理堆放等工作。它直接影响到种子贮藏期间的安全。

一、种子入库前的准备

1. 种子仓库准备　种子仓库的准备一般包括种仓的检查、清仓、消毒和计算仓容等工作。

（1）种仓检查。种仓使用前要全面检查和维修，确定种仓是否安全、门窗是否完好、防鼠防雀等措施是否到位。如有问题，及时进行修理。

（2）清仓。包括清理仓库和仓外整洁 2 个方面。清理仓库就是将种仓内的异品种种子、杂质、垃圾等清除干净，同时清理仓具，修补墙面，嵌缝粉刷。仓外整洁即是铲除仓外杂草，排去污水，清理垃圾，使仓外环境保持清洁。

（3）消毒。仓库消毒有喷洒和熏蒸 2 种方法。不论是旧仓还是新仓，消毒工作都要在修补墙面和嵌缝粉刷前进行。空仓消毒可用敌百虫、敌敌畏等防护剂和磷化铝等熏蒸剂处理。

（4）计算仓容。计算仓容是为了有计划地贮藏种子，合理使用和保养种仓。在不影响种仓操作的前提下，测算出种仓的可使用面积、可堆高度、种仓容积等，再根据存放种子的种类确定种仓容量。

2. 种子准备

（1）种子入库的标准。由于我国南北各省气候条件相差太大，种子入库的标准也不能强求一致。各类种子入库的标准可参考国家市场监督管理总局、国家标准化管理委员会 2008 年和 2010 年重新修订发布的农作物种子质量标准，如禾谷类种子（GB 4401.1—2008），纤维类、油料类种子（GB 4407.1～2—2008），豆类、荞麦、燕麦种子（GB 4404.2～4—2010），瓜菜作物类种子（瓜类、白菜类、茄果类、甘蓝类、绿叶菜类，GB 16715.1～5—2010），绿肥种子（GB 8080—2010）质量标准。凡不符合入库标准的种子，必须重新进行清选、干燥或分级处理，检验合格后才能入库贮藏。

（2）种子入库前的分批。种子在入库之前，不但需要按照作物种类、品种严格分开，还要根据产地、收获期、种子水分、纯度及净度的不同分别堆放和处理。一般来说要做到“五分开”。即：①不同的作物、品种要分开，以利于种子加工保管，防杂保纯。②干湿种子要分开，严防干湿种子混贮。③不同等级种子要分开，不可混等贮藏。④品质不同的种子要分开，入库种子应按不同的纯净度、成熟度分开堆放。⑤新陈种子要分开。新种子有后熟作用，陈种子品质较差，新陈种子混堆，必将会降低品质。

二、种子入库堆放

种子入库是在清选和干燥后进行的，入库前还要做好标签和卡片。标签上要注明作物、品种、等级、生产年月和经营单位等，并将其拴牢在包装袋外。卡片上填写好作物、品种、等级、生产年月和经营单位后装入种子袋里，或放置在种子堆内。种子在入库时，也要过磅、登记，按种子分批原则分别堆放，防止混杂。种子堆放的方式有袋装贮藏和散装贮藏 2 种。

1. 袋装堆放 袋装堆放是指用麻袋、布袋、编织袋等盛装种子后进行的堆放。此种堆放特点是便于通风，防止混杂，同时便于再运输和调拨。堆垛的形式要依据种仓的条件、贮藏目的、种子质量、入库季节等情况而定。为了便于检查和管理，堆垛时要使种垛距离墙壁≥0.5 m，种垛与种垛之间相距≥0.5 m。种垛高度和种垛宽度要据种子情况来定。一般是含水量较高的种子，为了便于通风散去种堆内的热量与水汽，种垛宽度是越窄越好。堆垛要与库房的门窗相平行，如果种仓的门窗是南北对开，为利于空气流通，种垛的方向应为南北向。堆垛时每袋种子的袋口要朝里，以免感染虫害和防止散口倒堆，种垛底部有垫仓板，离地约 20 cm，利于通气防潮。

(1) 实垛法。袋与袋之间不留距离，有规则地依次堆放，宽度一般以 4 列居多(列指袋包的长度)，也可以堆成 2 列、6 列或 8 列等。长度视仓库而定，有时堆满全仓(图 12－3)。堆垛时两头要堆成半非字形，以防倒垛。实垛法仓容利用率较高，但对种子品质要求很严格，一般适宜于冬季低温入库的种子或临时性存放种子。

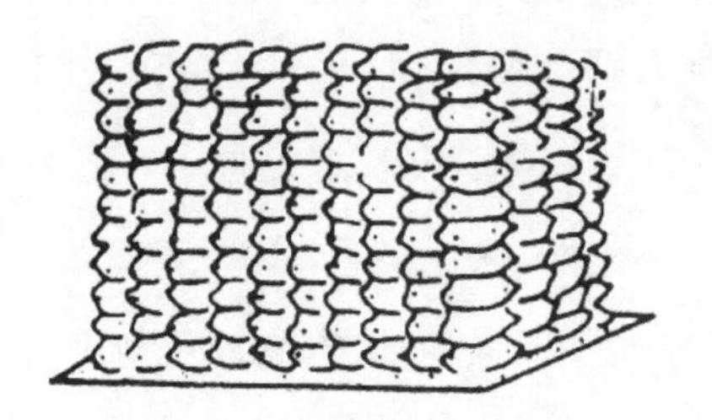

图 12－3 实垛(胡晋，2010)

图 12－4 非字形垛(胡晋，2010)

(2) 非字形及半非字形堆垛法。这种方法是按照非字或半非字排列堆放种袋。如非字形垛是第一层形如非字，中间并列各竖着平放 2 包，左右两侧各横着平放 3 包。第二层是第一层的中间两排与两边换位排成。第三层的堆法和第一层的相同(图 12－4)。半非字形是非字形的减半。这种堆垛方法的优点是通风性能好，不易倒塌，便于检查。

（3）通风垛。这种堆垛法空隙较大，便于通风散湿散热，多半用于保管高水分种子。夏季采用此法，便于逐包检查种子的安全情况。通风垛的形式有井字形、口字形、金钱形和工字形等多种。堆时难度较大，应注意安全，不宜堆得过高，宽度不宜超过 2 列。

2. 散装堆放　在种子数量较多、种仓容量不足等条件下，多采用散装堆放。这种贮藏方式对种子要求严格，只适用于净度高和充分干燥的种子。

（1）整仓散堆和单间散堆。这类堆放方式种仓利用率高，堆放的种子高度一般是 2～3 m。由于这种方式堆放的种子量大，在严格控制种子入库标准的同时，要加强管理。

（2）围包散堆。这类堆放适用于仓壁不十分坚固、没有防潮层的仓库。堆放前用同一批的同品种种子做成麻袋包装，用包离仓壁 0.5 m 堆成围墙，在围包内散放种子，大豆、豌豆围墙高一般为 2.5 m 左右，不宜过高，并防止塌包。围墙沿要高于种面 10～20 cm，种子平整。堆围包墙时要包包靠紧，层层骑缝，同时由下而上逐层缩进 3 cm 左右。

第三节　种子仓库有害生物防治

一、仓库害虫及其防治

种子仓库害虫（简称仓虫）是指在种子收获后的脱粒、清选加工、贮藏和运输过程中为害种子及其他物品的昆虫和螨类。广义的仓虫是指所有危害贮藏物品的害虫。

目前全世界已知的仓库害虫昆虫约有 492 种，螨类约 82 种，我国已知的仓库害虫昆虫约 254 种，螨类 54 种。据估计，全世界每年因受虫害而损失贮粮约 5%～10%。我国贮存 1 年以上的种子损失率平均约为 8%，有的地区高达 25%。目前生产上大多重视田间害虫的发生和防治，而种子、粮食在贮藏过程中的虫害损失却易被忽视。在贮藏过程中减少不必要的损失，与农业上的增产有着同样重要的意义。本节主要介绍危害贮藏种子的害虫，这类仓虫主要有玉米象、米象、谷蠹、赤拟谷盗、锯谷盗、大谷盗、蚕豆象、豌豆象、麦蛾等十余种。

（一）仓库害虫的传播途径

仓库害虫的传播方法和途径多种多样，大致可分为自然传播和人为传播 2 种途径。

1. 自然传播

（1）随种子传播。麦蛾、蚕豆象、绿豆象等害虫，在作物成熟期间，将卵产在子粒中或卵孵化为幼虫在子粒中，随着种子的收获贮藏而进入仓库中继续为害。

（2）自身活动传播。成虫可直接由仓库外或田间飞入仓库内，或害虫在仓库外砖石、杂草、包装材料以及加工设备上隐藏越冬，翌年春天进入仓库内为害。

（3）风力传播。锯谷盗等小型仓虫可以借助风力，随风扩散传播到仓库内。

（4）随其他动物活动传播。害虫可黏附在鸟类、鼠类及其他昆虫等动物身上传播蔓延。如螨类可借助老鼠的活动在仓库内传播。

2. 人为传播

（1）已感染仓库害虫的贮藏物的传播。已经感染仓库害虫的种子或农产品在调运及贮藏时感染无虫种子，造成传播蔓延。

（2）贮运用具、包装材料以及加工设备的传播。已经感染仓虫的贮运用具、包装材料以及加工设备在使用过程中造成仓库害虫的传播蔓延。

（3）空仓传播。仓库和加工厂内的孔洞、缝隙成为仓库害虫越冬和栖息的场所，当新种子入库后，害虫会出来继续为害。

（4）种子加工废弃物的传播。在种子加工过程中废弃的芯、糠、果种皮及秕粒等杂物，未能及时彻底清理而造成仓库害虫的繁殖和传播。

（二）主要仓库害虫的种类及生活习性

1. 玉米象(*Sitophilus zeamais* Motschulsky) 玉米象属鞘翅目象虫科，世界各地均有分布。玉米象食性很杂，主要为害小麦、玉米、糙米、大麦和高粱等禾谷类种子，幼虫主要在种子内蛀食。此虫是一种最主要的初期性害虫，种子因玉米象咬食而增加许多碎粒及粉屑，易引起后期性害虫的发生，且因排出大量虫粪而增加种子湿度，引起螨类和霉菌的发生，造成严重损失。

（1）形态特征。成虫个体大小因食料条件不同而差异较大，一般体长 2.3～4.0 mm，呈圆筒形，暗赤褐色至黑褐色。头部向前伸，呈象鼻状。触角 8 节，膝形。有前后翅，后翅发达，膜状，能飞。左右鞘翅上共有 4 个椭圆形淡赤色或橙黄色斑纹。幼虫体长 2.5～3.0 mm，乳白色，背面隆起，腹面底面平坦，全体肥大粗短，略呈半球形，无足，头小，头部和口器褐色，第 1～3 腹节的背板被横皱分为明显的 3 部分。蛹长 2.8～4.0 mm，椭圆形，喙细长，腹部背面近左右侧缘处各有一小突起，上生一褐色刚毛，腹末有 1 对肉刺(图 12－5)。

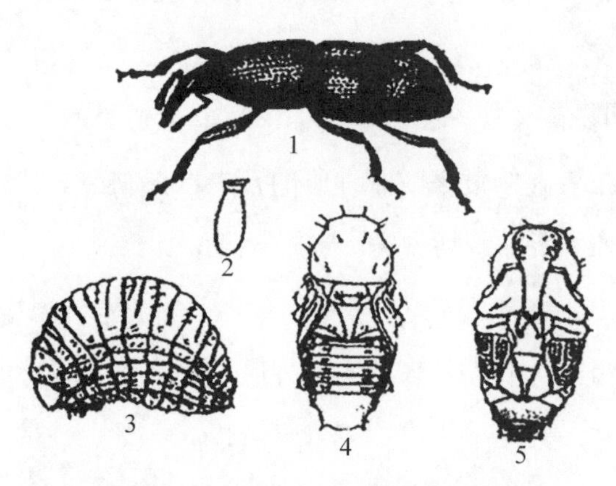

1. 成虫；2. 卵；3. 幼虫；4. 蛹的背面；5. 蛹的腹面。

图 12－5 玉米象(胡晋，2010)

(2) 生活习性。玉米象主要以成虫在仓内种子及黑暗潮湿的缝隙、包装材料、垫席下和仓外砖石、垃圾、杂草及粉尘中越冬，少数幼虫也可在种粒内越冬。当气温下降到 15 ℃左右时，成虫开始进入越冬期，次年春季转暖时又潜回种堆内为害和繁殖。以幼虫越冬者则在 5 月底或 6 月初羽化为成虫。成虫善于爬行，有假死、趋温、趋湿及畏光习性。玉米象每年发生 1～7 代，北方寒冷地区每年发生 1～2 代，南方温暖地区每年发生 3～5 代，中原地区每年发生 3～4 代，亚热带地区每年发生 6～7 代。玉米象生长发育最适条件为温度 24～30℃，相对湿度 90%～100%，种子含水量 15%～20%。当种子含水量低于 9.5%时则停止产卵，在种子含水量只有 8.2%时即不能生活。成虫如果暴露在－5 ℃下经过 4 d 即可死亡，暴露在 50 ℃下经过 1 h 即可死亡。

2. 米象（*Sitophilus oryzea* Linnaeus）　米象属鞘翅目象虫科，是世界性害虫，在我国主要分布在南方地区，其食性及为害特点和玉米象相似。

(1) 形态特征。成虫体长 2.5～3.5 mm，一般比玉米象小，无论体形大小，色泽斑纹、刻点稀密以及触角形状等外部形态特征都与玉米象相似。两者主要区别在于其生殖器官。米象触角第 2～7 节等长，玉米象触角第 3 节较长，几乎是第 4 节长度的 2 倍。

(2) 生活习性。米象的生活习性与玉米象有许多相同之处。米象具有假死、群集、喜湿及畏光等习性，繁殖力较强，一年可发生 4～12 代，在南方各地米象常与玉米象混合发生。米象的耐寒能力较玉米象弱，在 5 ℃条件下，经过 21 d 就开始死亡。另外，在耐饥和活动力等方面均比玉米象差。

3. 谷蠹（*Rhizopertha dominica* Fabricius）　谷蠹属鞘翅目长蠹科，世界各地均有分布。谷蠹食性复杂，主要为害小麦、稻谷等禾谷类种子以及薯干、中药材、干果等，并能引起种子堆发热，导致后期性仓库害虫及霉菌发生。

(1) 形态特征。成虫体长 2.3～4.0 mm，呈长圆筒形，暗褐色至暗赤褐色，略有光泽。头部下弯，隐在前胸之下。卵椭圆形，乳白色，一端粗大，另一端略尖而弯。幼虫蛴螬型，体长 2.5～3 mm，头小，三角形，长略大于宽，黄褐色，胸部粗而肥。蛹体长约 3 mm，前胸背板圆形，腹末狭小(图 12-6)。

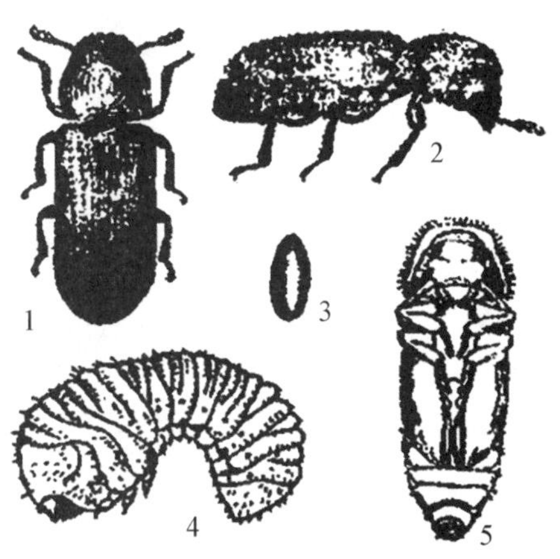

1. 成虫背面观；2. 成虫侧面观；3. 卵；4. 幼虫；5. 蛹。

图 12-6　谷蠹(姚康，1986)

(2) 生活习性。谷蠹一年发生 1～2 代，以成虫在粒粒、木板、竹器或飞出仓外在树皮裂缝中越冬，少数以幼虫越冬。越冬成虫于次年在气温上升到 13 ℃左右时，开始交配产卵，一般成虫羽化后 5～8 d 即可产卵。幼虫孵化后钻入种粒内蛀食，成虫、幼虫均可破坏完整粒粒，且喜食种胚。幼虫一般 4 龄，末龄幼虫在粒粒内或粉屑中化蛹。成虫能飞，寿命可达一年。成虫抗干性和抗热性较强。生长发育的最适温度为 27～34 ℃。即使种子水分 8%～10%，相对湿度 50%～60%，温度达到 35～40 ℃时，也能生长繁殖。谷蠹耐寒性较差，温度在 0.6 ℃时，仅能存活 7 d，温度在 0.6～2.2 ℃时，生存不超过 11 d。

4. 锯谷盗（*Oryzaephilus surinamensis* Linnaeus） 锯谷盗属鞘翅目锯谷盗科，分布遍及全世界，国内各地均有发生。锯谷盗食性很杂，主要为害禾谷类和油料种子以及中药材、干果、糠麸、烟草等多种农产品及加工品，喜食碎屑粉末，是主要的后期性仓库害虫之一。

（1）形态特征。成虫体长 2.5～3.5 mm，呈扁长形，淡褐色至深褐色，无光泽，头部呈梯形。卵长椭圆形，乳白色，表面光泽，长 0.7～0.9 mm。幼虫体长 3～4 mm，扁平，后半部较肥大，至尾端又缩小，散生淡黄白色细毛。蛹体长 2.5～3.0 mm，乳白色，无毛。复眼黑褐色，前胸背板近方形，两侧缘各有细长条状刺突 6 个。腹末有一半圆形瘤状突，末端有 1 对褐色臀突（图 12－7）。

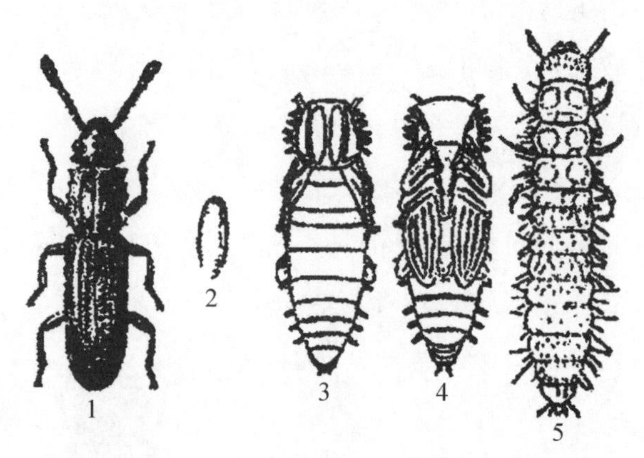

1. 雌成虫；2. 卵；3. 蛹的背面；4. 蛹的腹面；5. 幼虫。

图 12－7　锯谷盗（姚康，1986）

（2）生活习性。锯谷盗一年发生 2～5 代。主要以成虫聚集在仓库内各种缝隙、孔洞或仓外附近的砖石、杂物、尘渣中越冬。成虫寿命较长，可达 3 年以上。成虫不善飞但爬行速度快，喜欢向上爬行和群集在种子堆高处，平时多聚集在种子堆的上层和表层。幼虫有假死性，只能为害碎屑和种胚。锯谷盗适宜发育温度为 30～35 ℃，相对湿度为 80%～90%。成虫抗寒能力较强，一般在－15 ℃条件下可存活 1 d，－10 ℃条件下可存活 3 d，－5 ℃条件下可存活13d,0℃可存活22d。而抗热能力较弱,在47℃条件下1h即可死亡。锯谷盗对许多药剂、熏蒸剂的抵抗力较强,防治效果较差,但用敌百虫防治能取得良好杀虫效果。

5. 麦蛾(*Sitotroga cerealella* Olivier)　麦蛾属鳞翅目麦蛾科,为世界性害虫,国内除个别地区外均有发生,是稻麦产区的重要害虫,也是一种严重的初期性害虫。以幼虫蛀食麦类、稻谷、玉米、高粱等种子为主,损失率达56%～75%。

(1) 形态特征。成虫体长4.0～6.5 mm,展翅宽8～16 mm,黄褐色或淡褐色,有光泽。前翅竹叶形,后翅菜刀形,翅的外缘及内缘均生有长的缘毛。后翅的后缘毛特长,约与后翅等宽。复眼圆大,黑色,下唇须发达向上弯曲超过头顶,腹部灰褐色。卵长0.5～0.6 mm,扁平椭圆形,一端较细且平截,表面有纵横的凹凸条纹,初产为乳白色,后变为淡红色。幼虫体长5～8 mm,头部小,淡黄色,其余均为乳白色。有短小胸足3对,腹足退化,仅剩一小突起,末端有微小的趾钩1～3个。蛹体细长,为5～6 mm,黄褐色,翅狭长伸达第6腹节,蜕裂线伸至前胸前缘,各腹节两侧各生一细小瘤状突起。腹部末节圆而小,疏生灰白色微毛,两侧及背面各有一褐色刺状突(图12-8)。

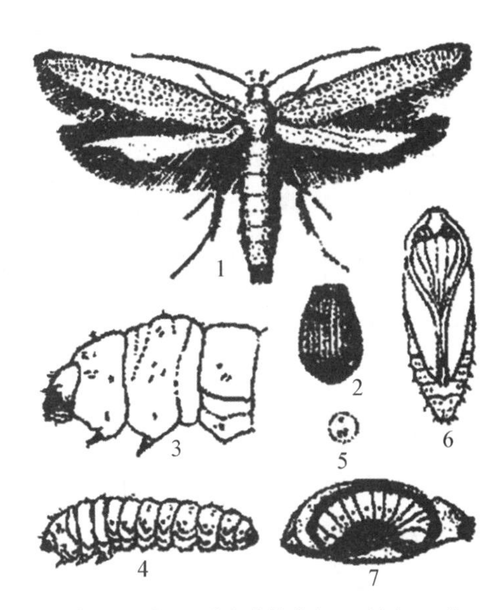

1. 成虫;2. 卵;3. 幼虫身体前部;4. 幼虫;5. 幼虫第6腹节左腹足的趾钩;6. 蛹的腹面;7. 小麦被害状。

图12-8　麦蛾(姚康,1986)

(2) 生活习性。麦蛾一年可发生4～6代。以老熟幼虫在仓库种粒内越冬,极少数以蛹及初龄幼虫在种粒内越冬,但成活率不高。越冬幼虫次年春季化蛹羽化为成虫,一昼夜后即可开始交尾产卵,卵散产或聚产。在仓库内小麦种子上卵多产于腹沟或胚部,在稻谷种子上多产于护颖或颖片凹缝表面,在田间则产于近黄熟的稻麦或玉米穗上。幼虫孵化后多由种粒胚部或损伤处蛀入种粒内为害。蛹羽化为成虫后从羽化孔外出。成虫飞行能力不强。麦蛾的发育适宜温度为21～35℃,在15～21℃下发育速度缓慢。成虫在45℃下经过35 min即死亡,43℃下经过42 min即死亡。卵、幼虫及蛹在44℃下经过6 h全部死亡。幼虫在−17℃下经过25 h死亡。当种子含水量低于8%或相对湿度低于26%时,幼虫不能生存。

(三) 仓库害虫防治方法

仓库害虫防治是确保种子安全贮藏,保持较高的活力和生活力的极为重要的措施之一。防治仓虫的基本原则是"安全、经济、有效",并采取"预防为主,综合防治"的方针,防是基础,治是防的具体措施，两者密切相关。综合防治主要从以下几方面着手：一是限制仓虫的传播；二是改变仓虫的生态条件；三是提高贮藏种子的抗虫性；四是直接消灭仓虫。以下介绍各种防治仓库害虫的方法。

1. 农业防治 许多仓虫如麦蛾、蚕豆象和豌豆象等不仅在仓内为害，而且也在田间为害，随着种子的成熟收获而进入种子仓库为害。因此，采用农业防治是很有必要的。农业防治是利用农作物栽培过程中一系列的栽培管理技术措施，有目的地改变某些环境因子，以避免或减少害虫发生和为害，达到保护作物和防治害虫的目的。其中应用抗虫品种防治仓虫就是一种有效的方法。

2. 检疫防治 对外对内的动植物检疫制度，是防止从国外传入新的危险性仓库害虫种类和限制国内危险性仓库害虫传播蔓延的最有效方法。随着对外贸易的不断发展，种子的进出口也日益增加，随着新品种的不断育成，国内各地区间种子的调运也日益频繁，检疫防治也就更具有重大的意义。

3. 清洁卫生防治 清洁卫生防治能创造不利于种子仓库害虫的环境条件和阻止仓库害虫侵入贮藏、加工场所，有利于种子的安全贮藏。清洁卫生防治必须建立一整套完整的清洁卫生制度，做到“仓内六面光，仓外三不留（垃圾、杂草、污水）”，还应注意与种子接触的工具、器材等物品的清洁卫生。

种子仓库、晒场、加工车间等场所经清洁、改造、消毒后，还要做好隔离工作，防止仓库害虫的再度感染。应做到有虫和无虫、干燥和潮湿的种子分开贮藏，没有感染虫害的种子不存入未消毒的仓库。包装器材及仓贮用具应保管在专门的库房里，已被仓库害虫感染的工具、包装材料等不应与未被感染的放在一起，更不能在未感染害虫的仓库内和种子上使用。工作人员在离开被仓虫感染的种子仓库和种子时，应将衣服、鞋、帽等加以清洁整理检查后，方可进入其他库房，以免人为传播。

4. 机械物理防治

（1）机械防治。机械防治就是利用人工或机械设备，将种子仓库害虫从种子中分离清除出来。种子经过机械处理后，不但可以清除害虫，而且还能除去种子中的杂质，降低水分，提高种子质量，有利于贮藏。机械防治的方法主要有风选、筛理等。

风选除虫是根据害虫和种子的相对密度不同，在一定的风力作用下，使害虫与种子分离。筛理除虫是根据种子与害虫的大小、形状和表面状态的不同，通过筛面的相对运动把种子和害虫分离开，目前常用的筛子有振动筛和淌筛（溜筛）2 种。

（2）物理防治。物理防治是指利用自然或人工的方法直接消灭仓库害虫，或恶化它们的生活环境条件，抑制害虫的发生和为害。常用的物理方法有高温杀虫和低温杀虫。

① 高温杀虫法：种子仓库害虫一般在40～45℃时达到生命活动的最高界限。当温度升高到45～48℃时，绝大多数的仓库害虫处于热昏迷状态，长时间也能使仓库害虫死亡。当温度达到48～52℃时，短时间内就能导致仓库害虫的死亡。种子仓库害虫的高温致死时间，因空气湿度、害虫的种类及虫态不同而有所不同。应用高温杀虫时，应在保证不影响种子质量的前提下进行。具体可采用日光暴晒法和机械干燥法。

② 低温杀虫法：利用冬季自然冷空气或由人工产生的冷气来降低种子温度，达到抑制害虫的发育、繁殖和为害的目的。一般仓库害虫生命活动的最低温度界限为8～15℃，低于此温度，仓库害虫的发育与繁殖就会停止。当温度为－4～8℃时，仓库害虫进入冷休眠状态，长时间就会发生脱水死亡。采用低温杀虫法应注意种子水分，如果种子水分过高，则会使种子发生冻害而影响发芽率。一般含水量为20%以上的种子不宜在－2℃下冷冻，含水量为18%～19%时，不宜在－5℃下冷冻，含水量为17%左右不宜在－8℃下冷冻。冷冻以后，趁冷密闭贮藏，可显著提高杀虫效果。在种温与气温差距悬殊的情况下进行冷冻，杀虫效果特别显著，这是因为害虫不能适应突变的环境条件，生理机能遭到严重破坏而加速死亡。具体可采用仓外薄摊冷冻、仓内通风冷冻等方法。

5. 化学药剂防治　即利用化学药剂破坏仓库害虫正常的生理机能或创造不利于害虫和微生物生长发育的条件，从而使仓库害虫和微生物停止生长或致死的防治方法。化学药剂防治具有高效、快速、经济的优点。但使用不当容易造成工作人员的中毒，影响种子的生活力，还会引起仓库害虫产生抗药性。应注意与其他方法的配合使用，取长补短，以便发挥更好的防治效果。目前，用于防治种子仓库害虫的化学药剂主要是熏蒸剂磷化铝。

(1) 磷化铝特性。磷化铝(AlP)系熏蒸剂。利用易挥发药剂的蒸气，通过害虫的呼吸系统或由体壁的膜质渗透进入虫体，使害虫迅速中毒死亡的化学药剂叫熏蒸剂(fumigant)。

磷化铝是用红磷和铝粉在镁的燃烧下合成的一种熏蒸剂，为浅灰黄色或浅灰绿色松散粉末。剂型有片剂和粉剂2种，粉剂含磷化铝85%～90%，片剂含磷化铝56%以上、氨基甲酸铵34%左右、石蜡4%左右以及少量硬脂酸镁，种子仓库熏蒸常用片剂。磷化铝能从空气中吸收水汽而逐渐分解产生起杀虫作用的磷化氢气体。化学反应式如下：

$$\underset{\text{磷化铝}}{AlP} + \underset{\text{氨基甲酸铵}}{NH_2COONH_4} + \underset{\text{水}}{3H_2O} \longrightarrow \underset{\text{氢氧化铝}}{Al(OH)_3} + \underset{\text{磷化氢}}{PH_3\uparrow} + \underset{\text{二氧化碳}}{CO_2\uparrow} + \underset{\text{氨}}{2NH_3\uparrow}$$

磷化铝分解的速度和温、湿度有关，当温度25℃、相对湿度75%～80%时，12～15 h即可完全分解，当温度在15℃以下时，则需要5～6 d才能完全分解。

磷化氢(PH_3)是一种无色剧毒气体,有乙炔气味。气体相对密度为1.183,略重于空气,但比其他熏蒸气体轻。它的渗透性和扩散性都比较强,在种子堆内的渗透深度可达3.3 m以上,而在空间扩散距离可达15 m,所以使用操作较为方便。不足之处是它对仓库内的金属有较大的腐蚀性。磷化氢气体易自燃,当每升体积中磷化氢的浓度超过26 mg时便会燃烧,有时还会有轻微鸣爆声。发生自燃的原因主要是药物投放过于密集,磷化氢产生量大,或者空气湿度大,有水滴,使反应加速,产生磷化氢多。其中形成少量不稳定的双磷(P_2H_4),遇到空气中的氧气产生火花。磷化氢燃烧后产生无毒的五氧化二磷(P_2O_5),药效降低。如果周围有易燃物品,容易酿成火灾,所以投药时应予注意。为了预防磷化氢燃烧,在制作磷化铝片剂时,通常加入氨基甲酸铵和其他辅助物。氨基甲酸铵潮解后产生氨和二氧化碳气体,还能起辅助杀虫的作用。

磷化铝片剂每片重约3 g,能产生磷化氢气体约1 g。片剂用药量种堆为6~9 g/m^3,空间为3~6 g/m^3,加工厂或器材为4~7 g/m^3。磷化铝粉剂用药量种堆为4~6 g/m^3,空间为2~4 g/m^3,加工厂或器材为3~5 g/m^3。投药时应分别计算出实仓用药量和空间用药量,二者之和即为该仓总用药量。如果种子量较少,也可采用塑料薄膜密封种堆进行熏蒸。投药后,一般密闭3~5 d,即可达到杀虫效果,然后通风3~7 d排除毒气。

投药方法分包装和散装2种。包装种子投放在包与包之间的地面上,散装种子投放在种子堆上面,先垫好15 cm见方的塑料布或铁皮板或塑料盘再投药,以便收集药物残渣。每隔1.5 m左右设1个投药点。药片也可以用布袋分装,每袋药量不超过10片,按施药量将布袋埋入种堆,袋上拴有细绳,便于熏蒸结束取出。

磷化氢的杀虫效果取决于仓库密闭性能和种温。仓库密闭性好,杀虫效果显著,反之效果差,毒气外溢还会引起中毒事故。所以投药后不仅要关紧门窗,还要糊3~5层纸将门窗封死。温度对气体扩散力影响较大,温度越高,气体扩散越快,杀虫效果越好。如果温度较低,则应适当延长密闭时间。通常是当种温在20℃以上时,密闭不少于3 d,种温在16~20℃时,密闭不少于4 d,11~15℃时密闭5~7 d,5~10℃时密闭约10 d,低于5℃则不宜熏蒸。

(2) 熏蒸过程注意事项。

① 必须戴好防毒面具:磷化氢为剧毒气体,很容易引起人体中毒,使用时要特别注意安全。磷化铝一经暴露在空气中就会分解产生磷化氢,因此,开罐取药前必须佩戴防毒面具和手套,切勿大意。

② 药物不能过于集中:为防止发生自燃,须做到分散投药,每个投药点的药剂不能过于集中,每点片剂不超过30片,粉剂不超过100 g。片剂之间不能重叠,粉剂应薄摊均匀,厚度

不宜超过 0.5 cm。

③ 药物不能遇水或潮湿：药物遇水反应过快，会发生自燃。也不能将药物投放在潮湿的种子或器材上，否则也会自燃。

④ 注意种子水分上限：种子水分过高时进行熏蒸易产生药害，从而影响种子发芽率，一般应将种子水分控制在安全水分以下。磷化氢熏蒸对种子水分要求见表 12-1。

⑤ 正确选定施药时间：根据其分解特性，磷化铝在雨季用药时，只要施药后 4～10 h 内不遇雷雨大风就基本可以避免着火。因此要根据天气预报掌握施药时间。

表 12-1　磷化氢熏蒸时种子水分的上限

作物	水分(%)
芝麻	7.5
油菜	8
花生果	9
棉籽	11
籼稻、小麦、高粱、蚕豆、绿豆、荞麦	12.5
大豆	13
大麦、玉米	13.5
粳稻	14

资料来源：胡晋，2010。

为了解仓库门窗缝隙不同密封程度的漏气散毒情况，在施药后 5～6 h，即散毒盛期时，可以用硝酸银显色法，检查门窗的漏气散毒情况。熏蒸通风后，排毒是否彻底也可采用此法检查。即用 3%～5%硝酸银溶液浸湿的滤纸条放在被检查处，如空气中有磷化氢，则滤纸变黑，如滤纸在空气中 7 s 内变黑，即表示空气中毒气浓度已能引起人中毒。反应式如下：

$$PH_3 + 3AgNO_3 \longrightarrow 3HNO_3 + Ag_3P\downarrow \text{(黑色)}$$

磷化氢在空气中的允许浓度为 0.3 mg/m^3，在 7 mg/m^3 浓度中停留 6 h，即有中毒症状出现。

二、种子微生物及其控制

(一) 贮藏种子主要微生物种类及对种子生活力的影响

1. 贮藏种子主要微生物种类

(1) 真菌。危害种子的真菌种类较多，大部分寄附在种子的外部，部分能寄生在种子内部的皮层和胚部。许多真菌属于对种子破坏性很强的腐生菌，但对贮藏种子的损害作用不尽相同，其中以青霉属（*Penicillium*）和曲霉属（*Aspergillus*）为主，其次是根霉属（*Rhizopus*）、毛霉属（*Mucor*）、交链孢霉属（*Alternaria*）和镰刀菌属（*Fusarium*）等植物病原真菌。

① 青霉属（*Penicillium* Link）：青霉在自然界中分布较广，是导致种子贮藏期间发热的一种最普遍的霉菌。青霉属真菌种类繁多，分 41 个系、137 个种和 4 个变种，有些菌系能产生毒素，使贮藏的种子带毒。根据对小麦、稻谷、玉米、花生、大豆、大米的调查结果，在贮藏种子上危害的主要种类有橘青霉（*P. citrinum*）、产黄青霉（*P. chrysogenum*）、草酸青霉（*P. oxalium*）和圆弧青霉（*P. cyclopium*）等。

此类霉菌在种子上生长时，先从胚部侵入，或在种子破损部位开始生长，最初长出白色斑点，逐渐丛生白毛（菌丝体），数日后产生青绿色孢子，因种类不同而逐渐转变成青绿、灰绿或黄绿色，并伴有特殊的霉味。

青霉分解种子中有机物质的能力很强，能引起种子发热、"点翠"，并有很重的霉味。有些青霉能引起大米黄变，故称为大米黄变菌。多数青霉为中生性，孢子萌发的最低相对湿度在 80%以上，但有些能在低温下生长，适宜于在含水量 15.6%～20.8%的种子上生长，生长适宜温度一般为 20～25 ℃；纯绿青霉（*P. viridicatum*）可在－3 ℃左右引起高水分玉米胚部"点翠"而霉坏，因此，青霉是在低温下对种子危害较大的重要真菌。此外，青霉均属于好氧性真菌。

② 曲霉属[*Aspergillus* (Mich) Link]：曲霉广泛存在于各种种子和粮食上，是导致种子发热霉变的主要霉菌，腐生性强，除能引起种子霉变外，有的种类还能产生毒素，如黄曲霉毒素对人畜有致癌作用。曲霉属分 18 个群，包括 132 个种和 18 个变种。据报道，在主要作物种子上分布较多的是灰绿曲霉（*A. gloucus*）、阿姆斯特丹曲霉（*A. amstelodami*）、烟曲霉（*A. fumigatus*）、黑曲霉（*A. niger*）、白曲霉（*A. candidus*）、黄曲霉（*A. flavas*）和杂色曲霉（*A. versicolor*）。

曲霉属菌丝无色或淡色，有时表面凝聚有色物质，分隔。在种子上菌落呈绒状，初为白色或灰白色，后期因菌种不同，在上面生成乳白、黄绿、烟灰、灰绿、黑色等粉状物。不同种类的曲霉，生活习性差异很大，大多数曲霉属于中温性，少数属高温性。白曲霉、黄曲霉等的生长适温为 25～30 ℃，黑曲霉的适宜温度为 37 ℃，而烟曲霉嗜高温，其生长适温为 37～45 ℃，45 ℃以上仍能生长，常在发热霉变中后期大量出现，促进种温的升高和种子败坏。

对水分的要求，大部分曲霉是中生性的。还有一些是干生性的，孢子萌发最低相对湿度，灰绿曲霉仅为 62%～71%，白曲霉为 72%～76%，局限曲霉为 75%左右，杂色曲霉为 76%～80%。黄曲霉等属于中湿性霉菌，孢子萌发的最低相对湿度为 80%～86%。黑曲霉等属于近湿性霉菌，孢子萌发的最低相对湿度为 88%～89%。

灰绿曲霉能在低温下危害低水分种子。白曲霉在水分 14%左右的稻谷上生长。黑曲霉易在水分 18%以上的种子上为害，它具有很强的分解种子有机物质的能力，产生多种有机酸，使粒粒脆软，发灰，带有浓厚的霉酸气味。黄曲霉易于危害水分较高的麦类、玉米和花生，当花生仁水分在 9%以上，温度适宜便可在其上发展；它有很强的糖化淀粉能力，使粒粒变软发灰，常具有褐色斑点和较重的霉酸气味。曲霉是好氧菌，但少数能耐低氧。

(2) 细菌。细菌是种子微生物中的主要类群之一。种子上的细菌，主要是球菌和杆菌。其重要代表有芽孢杆菌属(*Bacillus* Cohn)、假单胞杆菌属(*Pseudomonas* Migula)和微球菌属(*Micrococcus* Cohn)等类群中的一些种。

种子上的细菌，多数为附生细菌，在新鲜种子上的数量占种子微生物总量的 80%～90%，一般对贮藏种子无明显危害。但随着贮藏时间的延长，霉菌数量增加，细菌数量逐渐减少。有人认为分析这些细菌的多少可作为判断种子新鲜程度的标志。陈种子或发过热的种子上，以腐生细菌为主，它们主要是芽孢杆菌属和微球菌属。种子上细菌的数量超过霉菌，但是通常情况下对引起贮藏种子的发热霉变不如霉菌严重，原因是细菌一般只能从子粒的自然孔道或伤口侵入，限制了它的破坏作用。同时细菌是湿生性的，需要高水分的环境。

(3) 放线菌和酵母菌。放线菌属于原核微生物。大多数菌体是由分枝菌丝所组成的丝状体，以无性繁殖为主，在气生菌丝顶端形成孢子丝。孢子丝有直立、弯曲、螺旋等形状。放线菌主要存在于土壤中，绝大多数是腐生菌，在新收获的清洁种子上数量很少，但在混杂有土粒的种子以及贮藏后期或发过热的种子上数量较多。

种子上酵母菌数量很少，偶然也有大量出现的情况，通常对种子品质并无重大影响，只有在种子水分很高和霉菌活动之后，才对种子具有进一步的腐解作用。

2. 微生物对种子生活力的影响　种子丧失生活力的原因很多，但其中重要原因之一是受微生物的侵害。微生物侵入种子往往从胚部开始。微生物引起种子发芽力降低和丧失的原因主要是：微生物直接侵害和破坏种胚组织；一些微生物可分泌毒素，毒害种子；微生物分解种子形成各种有害产物，阻碍种子正常生理活动等。此外，在田间感病的种子，由于病原菌危害，大多数发芽率很低，即使发芽，在苗期或成株期也会再次发生病害。

(二) 种子微生物的控制

1. 提高种子的质量　高质量的种子对微生物的抵御能力较强。为了提高种子的生活力，应在种子成熟时适时收获，及时脱粒、清选和干燥，去除杂质、破碎粒和不饱满的粒粒。入库时注意，新、陈种子，干、湿种子，有虫、无虫种子，不同种类种子和不同纯净度的种子，"五分开"贮藏，以提高贮藏的稳定性。

2. 干燥防霉 种子含水量和仓内相对湿度低于微生物生长所要求的最低水分时，就能抑制微生物的生长。为此，首先种子仓库要能防湿防潮，具有良好的通风密闭性能；其次种子入库前要充分干燥，使含水量保持在与相对湿度65%相平衡的安全水分界限以下；最后在种子贮藏过程中，可以采用干燥密闭的贮藏方法，防止种子吸湿回潮。在气温变化的季节还要控制温差，防止结露。高水分种子入库后则要抓紧时机通风降湿。

3. 低温防霉 将贮藏种子的温度控制在霉菌生长适宜的温度以下，可以抑制微生物的生长。保持种子温度在15℃以下，仓库相对湿度在65%～70%，可以达到防虫防霉安全贮藏的目的。这也是一般所谓"低温贮藏"的温、湿度界限。进行低温贮藏时，还应把种子水分降至安全水分以下，防止在高水分条件下一些低温性微生物的生长。

4. 化学药剂防霉 常用的化学药剂是磷化铝。磷化铝水解生成的磷化氢具有很好的抑菌防霉效果。根据经验，为了保证防霉效果，种堆内磷化氢的浓度应保持不低于0.2 g/m^3。控制微生物生长的措施与防治仓库害虫的方法有些是相同的，在实际工作中可以综合考虑应用。如磷化铝是有效的杀虫熏蒸剂，杀虫的剂量足以防霉，所以可以考虑一次熏蒸达到防霉杀虫的目的。

三、种子仓库鼠类及其防治

种子仓库发生的害鼠主要为家栖鼠类，主要有小家鼠、褐家鼠和黄胸鼠。鼠类身上常带有多种病原体，能传染疾病，对人体健康带来威胁，鼠类还破坏包装器材及仓库建筑，造成一定的经济损失。主要防治措施包括以下几种。

1. 防鼠驱鼠 经常清除仓房四周和场地的杂草、垃圾、砖瓦石砾，随时整理包装器材和散落种子，消除鼠类的隐蔽场所。发现鼠洞应及时堵塞，并可在仓房设置防鼠板、防鼠门等，防止老鼠窜入仓内。贮种货场应将下水道口用铁丝网覆盖。放线菌酮对鼠的口腔黏膜有刺激作用，包装器材喷施浓度为0.05%的放线菌酮药液，能防鼠达数月之久。猫捕鼠能力强，又便于驯养，适合基层种子仓库的鼠害防治。

2. 器械捕鼠 捕鼠的器械很多，如鼠夹(包括铁丝夹、木板夹、铁板夹、钢弓夹、环形夹等)，捕鼠笼，黏鼠胶，电子捕鼠器(电猫)等。根据所掌握的具体情况，选择适当捕鼠方法和器械，才能收到良好的效果。根据老鼠的习性，扑杀时应注意：根据老鼠的警觉性要先诱后杀;捕鼠器械的布放要变化多端;勤换诱饵;捕鼠器械要勤检查。

3. **化学药剂灭鼠**　化学药剂灭鼠是利用有毒的药物使鼠类中毒死亡、数量减少或不能生存而减少鼠害的一种方法。常用的化学药剂包括经口药(胃触剂)、熏蒸剂、不育剂和驱避剂。通常将杀鼠剂配制成毒饵使用,选择鼠类喜食的粮食、谷物作为载体,并添加油、糖、盐、香精等物质,增加鼠类的喜食性。为了防止人类误食,需要在毒饵中添加食用色素作为警戒色。

第十三章 种子贮藏期间的变化和管理

第一节　种子贮藏期间的变化

种子在贮藏期间，基本上处于低温干燥密闭的状态，生理活动很弱。但是种子本身具有较强吸湿性，管理不当，就会出现结露、发热、霉变、结块等现象，严重影响种子的活力和发芽力。因此了解种子贮藏期间的各种变化规律，有利于采取相应措施做好种子的安全贮藏工作。

一、种子温度和水分的变化

在种子贮藏期间，对种子影响最大的环境因素是温度和水分。种子温度和湿度可随着外界空气的温度和相对湿度的变化而变化。一般情况下，大气温湿度的变化导致仓内温湿度发生相应变化，仓内温湿度的变化又导致种子温度和种子水分的变化。大气温湿度、仓内温湿度和种堆温湿度统称为“三温三湿”，其变化规律主要指一年中和一天中温湿度的变化规律。如果种子温湿度变化偏离了这种变化规律，而出现异常现象，就有发热的可能，应采取必要的措施加以处理。

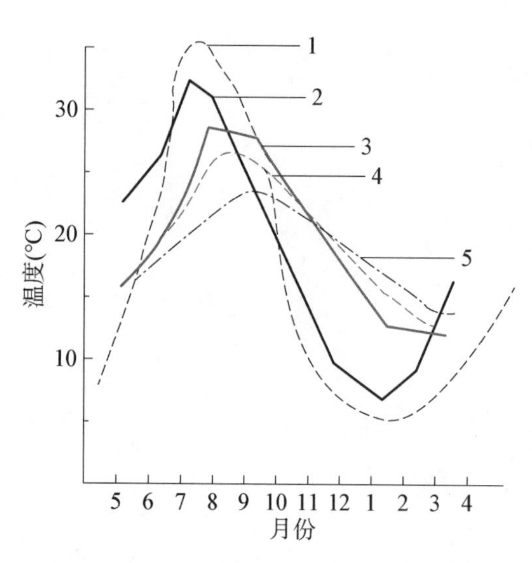

1. 气温；2. 仓温；3. 上层温度；4. 中层温度；5. 下层温度。

图 13－1　平房仓大量散装稻谷各层温度的年变化

种子处在干燥、低温、密闭条件下，其生命活动极为微弱。但隔湿防热条件较差的仓库，会对种子带来不良影响。根据观察，种子的温度和水分是随着空气的温湿度而变化的，但其变化比较缓慢。一天中的变幅较小，一年中的变幅较大。种子堆的上层变化较快，变幅较大，中层次之，下层较慢。图 13－1 为平房仓散装稻谷温度年变化的规律，在气温上升季节（3—8 月），种温也随之上升，但种温低于仓温和气温；在温度下降季节（9 月—翌年 2 月），种温也随之下降，但略高于仓温和气温。种子水分则往往是在低温期间和梅雨季节较高，而在夏秋季较低。

二、种子发热

1. 种子发热的原因

（1）种子呼吸放热。新收获的或受潮的种子，呼吸旺盛，释放出大量的热能，积聚在种子堆内，引起发热。

（2）微生物和害虫的迅速生长和繁殖引起发热。在相同条件下，仓库害虫和微生物释放的热量远比种子高得多。种子本身呼吸热和微生物放热，是导致种子发热的主要原因。此外，仓虫大量聚集在一起，其呼吸和活动摩擦会产生热量。

（3）种子堆放不合理发热。种子堆各层之间或局部与整体之间温差过大，造成水分转移、结露等情况，也能引起种子发热。

总之，发热是种子本身的生理生化特点、环境条件和管理措施等综合造成的结果。

2. 种子发热的种类　根据种子堆发热部位、发热面积可将种子发热分为 5 种类型。

（1）上层发热。一般发生在近表层约 15～30 cm 厚的种子层。发生时间一般在初春或秋季。秋季气温下降，新入仓种子的呼吸旺盛，放出大量水汽。外界气温逐渐下降影响到仓壁，使靠仓壁的种温和仓温随之降低，近墙壁的空气形成一股气流向下流动，由于种堆中央受气温影响小，种温仍较高，形成一股向上气流，因此向下的气流，经过底层，由种子堆的中央转而向上，通过种温较高的中心层，再到达顶层中心较冷部分，与四周的下降气流形成回路。在此气流循环回路中，种子堆中水分随气流流动，热水汽向上运动在上层遇冷而凝结，此部位水分增高，使种子和微生物呼吸增强，引起发热（图 13－2）。若不及时采取措施，顶部种子层将会发生败坏。初春气温逐渐上升，而经过冬季的种子层温度较低，两者相遇，上表层种子容易造成结露而引起发热。

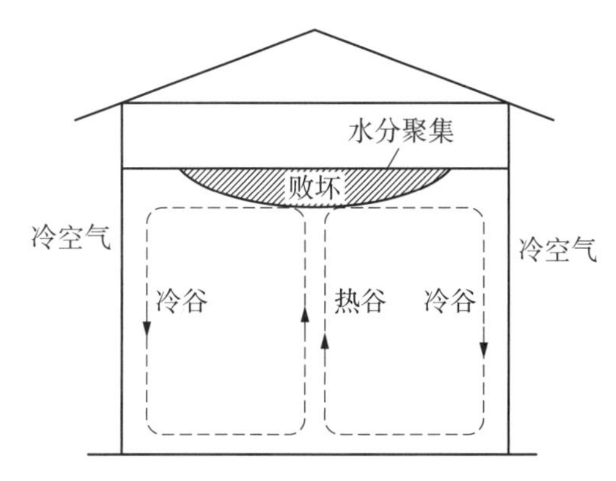

图 13－2　外界气温较低时，引起上层种子水分的增加

（2）下层发热。发生在接近地面的种子层。多半由于晒热的种子未经冷却就入库，遇到冷地面发生结露引起发热，或因地面渗水使种子吸湿返潮而引起发热。开春后，热空气沿仓壁上升，

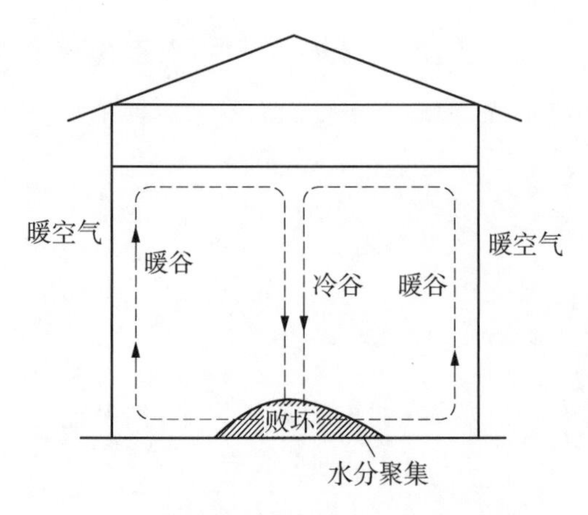

图 13－3　外界气温较高时，引起底层种子水分的增加

冷空气在中心部位下沉，形成回流。在此气流循环中，种子堆中水分随气流流动，遇地面较冷种子层而凝结，使下层种子水分增高，引起发热（图 13－3）。

（3）垂直发热。在靠近仓壁、柱子等部位，当冷种子遇到仓壁或热种子接触到冷仓壁或柱子形成结露，并产生发热现象，称为垂直发热。前者发生在春季朝南的近仓壁部位，后者多发生在秋季朝北的近仓壁部位。

（4）局部发热。这种发热通常呈窝状，多半由于入库时分批种子的水分不一致、整齐度差、净度不同、某些仓虫大量繁殖或者种子自动分级等原因所引起，因此发热部位不固定。

（5）整仓发热。上述 4 种发热情况中的任何一种，如果不及时制止或迅速处理，都有可能导致整个仓库的种子发热，尤其是下层种子发热最容易发展成为全仓种子发热。

3. 种子发热的预防措施　根据发热原因，可采取如下预防措施。

（1）严把种子入库质量关。种子入库前必须严格进行清选、分级、干燥和冷却等处理。

（2）做好清仓消毒，改善仓贮条件。仓房必须具备通风、密闭、隔湿、防热等条件，使种子长期处于低温、密闭、干燥的条件下，确保安全贮藏。

（3）加强管理，勤于检查。应根据气候变化规律和种子生理状况，制定具体的管理措施，及时检查，及早发现问题，采取对策，加以制止。种子发热后，应根据种子结露、发热的严重情况，采用翻耙、开沟等措施排除热量，必要时进行翻仓、摊晾和过风等办法降温散湿。发过热的种子必须进行种子发芽率检查，凡已丧失生活力的种子，应改作他用。

第二节　种子贮藏期间的管理

一、常温库管理

种子常温库是指具有防潮、隔热及通风功能，不加设控制温度、湿度设备的种子贮藏仓库。种子在常温库贮藏期间应做好种子仓库检查、种子贮藏管理等工作，并建立相应的管理制度，确保种子安全贮藏。

（一）种子仓库检查

种子仓库检查是种子贮藏期间一项重要的工作，主要包括温度、水分、发芽率、虫霉、鼠雀及仓库设施安全情况等。

1. 种子仓库检查的内容

（1）种温的检查。检查温度的仪器有曲柄温度计、杆状温度计和遥测温度仪等。曲柄温度计适用于包装种子；杆状温度计适用于散装贮藏种子；遥测温度仪适用于大型种子仓库。此外还有微机巡回测温仪采用热敏电阻作为传感器，可实现远距离检测和自动监测。

检查种温需要定点定层，如散装种子在种子堆 100 m^2 面积范围内，将它分成上、中、下 3 层，每层设 5 个点，共 15 处。包装种子则采用波浪形设点的测定方法。对于平时有怀疑的区域，如靠墙壁、曾有漏雨渗水处等部位，都应增加辅助点。种子入库完毕后的半个月内，每 3 天检查 1 次，以后每隔 7～10 d 检查 1 次。

（2）种子水分的检查。检查水分同样需要划区定点，一般散装种子以 25 m^2 为一检查区，采用 3 层 5 点 15 处的方法取样。袋装种子则根据堆垛大小，把样袋均匀地分布在堆垛的上、中、下各部，并成波浪形设点取样。从各点取出的样品混匀后，再取混合样品进行测定。对怀疑的检查点，所取的样品要单独测定。水分检查的时间，原则上是一、四季度每季检查 1 次，二、三季度每月检查 1 次。仓库条件较差的，潮湿季节应增加测定次数，种子每次整理以后，也应测定水分。

（3）发芽率、活力的检查。一般种子发芽率应每 4 个月检查 1 次，同时根据气温变化情况，在高温或低温之后，以及药剂熏蒸前后都应增加检查 1 次，种子出仓前 10 天应检查 1 次。贮藏期间检查种子的活力非常必要。活力测定方法较多，简单的可用发芽指数、活力指数、平均发芽时间来判断。

（4）虫、霉的检查。检查仓虫时，一般采用筛检法，即在一个检查点取样 1 kg，经过一定时间的振动筛理，把虫子筛下来，然后分析其虫种及活虫头数，计算虫害密度，再决定防治措施。检查蛾类害虫，可用撒谷看蛾飞目测统计。检查害虫的周期，冬季温度在 15 ℃以下，每 2～3 个月检查 1 次；春、秋季温度在 15～20 ℃，每月检查 1 次，温度超过 20 ℃，每月检查 2 次；夏季高温则应每周检查 1 次。检查霉烂的方法一般采用目测和鼻闻，检测部位应注意种子易受潮的底层、墙根、柱基等阴暗潮湿部位，以及容易结露和杂质集中的部位。

（5）鼠、雀检查。查鼠、雀主要是观察仓内有无鼠、雀粪便和活动留下的足迹，以及有无鼠洞。

（6）仓库设施检查。检查仓库地坪的渗水、房顶的漏雨、灰壁的脱落等情况。同时对门窗启闭的灵活性和防雀网、防鼠板的坚牢程度进行检查。

2. 种子仓库检查的步骤 查仓是一项较细致的工作，应有计划有步骤地进行，以便能及时发现问题，全面掌握种情。其步骤如下：①打开仓门后，先闻有无异常，然后再看门口，种子堆表面等部位有无鼠、雀的足迹及墙壁等部位是否有仓虫；②划区设点，安放测温、测湿仪器；③扦取样品，供水分、发芽率、虫害、霉变等测定；④查看温度、湿度结果；⑤查看仓库内外有无倾斜、缝隙和鼠洞；⑥根据以上检查情况，进行分析，提出意见，如有问题及时处理。

(二) 合理通风

通风是种子在贮藏期间的一项重要仓库管理工作。种子入库后，合理通风是提高种子安全贮藏的一种有效方法。

不论采用哪种通风方式，通风之前均须测定仓库内外的温度和相对湿度的大小，以决定能否通风。通风的原则主要掌握以下几种情况：①遇雨天、刮台风、浓雾等天气，不宜通风；②一天内，以上午 7～9 时、下午 5～8 时通风为宜；后半夜不能通风；③当外界温湿度均低于仓内时，可以通风；④当仓外温度与仓内温度相同，而仓外湿度低于仓内，通风以散湿为主；当仓内外湿度基本上相同而仓外温度低于仓内时，通风以降温为主；⑤仓外温度高于仓内而相对湿度低于仓内，或者仓外温度低于仓内而相对湿度高于仓内，这时能不能通风，就要看当时的绝对湿度，如果仓外绝对湿度高于仓内，不能通风，反之就能通风。

(三) 种子仓库管理制度

为规范种子贮藏管理，种子企业应制定种子贮藏管理制度，主要包括以下内容：

1. 岗位责任制度 明确仓库行政、保管人员、种子贮藏技术人员、工作人员的责任与义务。贮藏技术人员要有较强的事业心和责任感，业务素质和管理水平较高，并接受有关部门的定期考核和培训。

2. 安全保卫制度 仓库要建立值班制度，组织人员定时巡查，及时消除不安全因素，做好防火、防盗工作，保证不出事故。

3. 清洁卫生制度 仓库内外须经常打扫、消毒，保持清洁。要求做到仓内“六面光”(房式仓四面墙壁和上下两面)，仓外“三不留”(杂草、垃圾和污水)。种子出仓时，应做到出一仓(囤)清一仓(囤)，防止混杂和感染病虫害。

4. 检查和评比制度 检查内容包括气温、仓温、种温、大气湿度、仓内湿度、种子水分、发芽率、虫霉情况、鼠雀、仓库设施等。并开展仓库种子贮藏期间无虫、无霉变、无鼠雀、无事故、无混杂的“五无”评比，交流贮藏保管经验。

5. 建立档案制度 每批种子出入库，都应将其来源、数量、品质状况及其处理意见、每次检查的记录等逐项登记入册，并同步建立电子档案，发现问题，及时采取措施。

6. 财务会计制度 每批种子进出仓库，必须严格实行审批手续和过磅记账，账目要清楚，账、物、卡（含标签）要相符，对种子的余缺做到心中有数，不误农时，对不合理的额外损耗要追查责任。

二、低温库管理

低温库是指采用制冷、除湿设备，控制温度小于15℃，相对湿度小于65%的贮藏种子的建筑物。低温库贮藏种子与普通常温仓库相比，除了要做好常温库的管理工作以外，还应该做好低温仓库设备管理工作，制定更严格的仓管制度、更规范完善的管理流程，并采集贮存必要的信息，建立技术档案等。

1. 种子低温仓库设备管理 低温种子库内主机及其附属设备是创造低温低湿条件的重要设施。通常要做好下列管理工作。

① 制订正确使用设备的规章制度，加强操作人员的技术培训。做到“三好”（管好、用好、修好）、“四会”（会使用、会保养、会检查、会排故障）。

② 健全机器设备的检查、维修和保养制度。

③ 做好设备的备品、配件管理。

④ 精心管好智能温湿度仪器。

⑤ 建立机房岗位责任制，及时、如实记录做好机房工作日志。

2. 低温库的技术管理

（1）建立严格的仓贮管理制度。

① 种子入库前，彻底清仓，按照操作规程严格消毒或熏蒸。种子垛底必须配备透气木质（或塑料）垫架。两垛之间、垛与墙体之间应当保留一定间距。

② 把好入库前种子质量关。种子入库前做好翻晒、精选与熏蒸等工作；种子水分达不到国家规定标准、无质量合格证的种子不准入库；种子入库时间安排在清晨或晚间，种温与仓温的差距必须低于5℃，中午不宜安排种子入库，若室外温度或种温较高，宜将种子先存放缓冲室，待后再安排入库。

③ 合理安排种垛位置，提高仓库利用率。

④ 库室密封门尽量少开，即使要查仓库，也要多项事宜统筹进行，减少开门次数。

⑤ 严格控制库房温湿度。通常库内温度控制在15℃以下，相对湿度控制在65%左右，并保持温湿度稳定状态。

⑥ 建立库房安全保卫制度，加强防火工作，注意用电安全。

⑦ 种子入库后不能马上开机降温，应先通风降低湿度，否则降温过快易造成结露。

⑧ 种子在高温季节出库，须进行逐步增温或通过过渡间，使之与外界气温相接近，以防结露。但每次增温温差不宜超过 5℃。

（2）收集与贮存主要种子信息。

① 按照国家颁发的种子检验规程，获取每批种子入库时初始的发芽势、发芽率、含水量、净度及主要性状的检验资料。

② 种子存贮日期、重量和位置（库室编号及位点编号）。

③ 若为寄存单位贮存种子，双方共同封存的样品资料。

（3）收集与贮存主要监测信息。

① 种子贮藏期间，本地自然气温、相对湿度、雨量等重要气象资料。

② 库内每天定时、定层次、定位点的温度和相对湿度资料。

③ 种子贮藏过程中，种子质量检验的有关监测数据。

④ 有条件地方应用物联网技术，将温度计、湿度仪、摄像头等各种设备与互联网连接，实现智能化仓库管理。

3. 技术档案管理 低温库的技术档案，包括工艺规程、装备图纸、机房工作日志、种子入库出库清单、库内温湿度测定记录、种子质量检验资料以及有关试验研究资料等。这些档案，是低温库成果的记录和进行生产技术活动的依据和条件。每个保管季节结束以后，必须做好工作总结，并将资料归档、分类与编号，由专职人员保管，不得随便丢弃。

第十四章 主要作物种子贮藏方法

自然界植物种类繁多，种子的形态和生理各具特点，因此其贮藏特性也不一致。本节主要介绍水稻、玉米、小麦、油菜、大豆、棉花、蔬菜及顽拗型种子的贮藏方法和技术。

第一节　水稻种子贮藏方法

水稻种子俗称稻谷，稃壳外面包裹有内外稃，稃壳外表面粗糙被有茸毛。水稻种子具有散落性差、通气性较好、耐热性差、种子自身保护性强、因类型和品种不同耐藏性差异明显等贮藏特性。稻种有稃壳保护，比较耐贮藏，只要适时收获，及时干燥，控制种温和水分，注意防虫，一般可达到安全贮藏的目的。水稻种子在贮藏过程中要掌握以下方法和技术要点。

一、提高种子质量、严防混杂、冷却入库

1. 适时收获　过早收获的水稻种子成熟度差，瘦秕粒多而不耐贮藏。过迟收获的种子，在田间日晒夜露呼吸消耗物质多，甚至穗上发芽。所以收获时必须充分了解品种的成熟特性，适时收获。

2. 科学干燥　未经干燥的稻种堆放时间不宜过久，否则容易引起发热或萌动甚至发芽。收获时，含水量较高的稻种，种子脱粒后应及时干燥到安全水分以下。采用自然日光干燥，早晨出晒不宜过早，应事先预热场地，尤其摊晒过厚的种子。机械烘干时，温度控制在 43 ℃以下，降水速度应控制在 5%之内，否则影响种子发芽率。

3. 冷却入库　经过高温暴晒或加温干燥的种子，应冷却后才能入库。否则，种子堆内部温度过高，时间过长引起种子内部物质变性而影响发芽率。此外，热种子遇到冷地面还可能引起结露。

4. 防止混杂，提高净度 稻种品种繁多，有时在晒场上同时晒几个品种，容易造成品种混杂。出晒后，应在场地上标明品种名称，以防差错。入库时要按品种有次序地分别堆放。且必须对进库种子清选除杂，剔除破损粒、秕粒、病虫粒，提高种子贮藏稳定性。

二、控制入库种子水分和贮藏温度

水稻种子的安全水分标准，应随作物类型、保管季节与当地气候特点而定。在生产上，一般粳稻可高些，籼稻可较低；晚稻可高些，早中稻可较低；气温低可高些，气温高可较低。需要经过高温季节的稻种，水分控制严格一些，进入低温季节的稻种，水分可适当放宽一些。通常是温度为30～35℃时，种子水分应掌握在13%以下；温度为20～25℃，种子水分可掌握在14%以内；温度为15～10℃，水分可放宽到15%～16%；温度为5℃以下，水分则可放宽到17%。但是，16%～17%水分的稻种只能作暂时贮藏，应抓紧时间进行翻晒降水。水稻种子质量标准要求水分不高于13%（籼稻）和14.5%（粳稻）。

三、加强检查管理

1. 做好早稻种子的降温和晚稻种子的降水工作 早稻种子入库一般在立秋以后，昼夜温差大，易导致仓温上升和上层种子增加水分。因此，在入库后的2～3周内须加强检查，并做好通风降温工作。晚稻种子入库一般已进入冬季低温阶段，对种子入库水分要求宽些，但不能超过16%，即使已经入库也要降到13%以下，否则会引起生活力降低。

2. 做好"春防面，夏防底"的工作 春季要预防面层种子结露，夏季要预防底层种子霉烂。经过冬季贮藏的稻种，温度已经降得较低，当春季外界气温回升时，种温与气温温差较大，容易发生结露。到了夏季，地坪和底层温度还低，湿热空气扩散现象使底层稻种水分升高，不及时处理会导致底层种子霉烂。

3. 做好治虫和防霉工作 仓虫通常在稻种入仓前已感染种子，如贮藏期间条件适宜，就迅速大量繁殖，造成极大损害。水稻仓虫防治主要采用磷化铝熏蒸，少量种子也可采用日光曝晒高温杀虫。

种子上寄附的微生物种类较多，但是危害贮藏种子的主要是真菌中的曲霉和青霉。温度降至15℃，相对湿度低于65%，种子水分低于13.5%时，大多数霉菌受到抑制。采用密闭贮藏法对抑制好氧性霉菌有一定效果，但对能在缺氧条件下生长活动的霉菌则无效。

四、少量稻种贮藏

对于数量不多的稻种，可以采用干燥剂密闭贮藏法。通常使用的干燥剂有生石灰、氯化钙、硅胶等。氯化钙、硅胶的价格较贵，但吸湿后可以烘干再用。生石灰较经济，适用于广大种粮专业户。

五、水稻种子低温贮藏

水稻种子需要贮藏 1 年左右时，可利用温度低的天然大型山洞仓来贮藏水稻种子，但须注意防湿。房式仓贮藏的种子可充分利用冬季自然低温，在气温较低时，将种子堆通风降温，把种子堆内温度降到 10 ℃左右。如果种子贮藏期在 1 年以上，可采用低温低湿库贮藏，种子温度不超过 15 ℃，水分控制在 13%以下，仓内相对湿度不超过 65%。

第二节　玉米种子贮藏方法

玉米种子具有种胚大，呼吸旺盛；种胚中脂肪多，容易酸败；种胚带菌量多，易遭虫霉危害；玉米制种聚集地西北地区种子易遭受低温冻害，玉米穗轴上种子的成熟度存在差异等贮藏特性。玉米种子贮藏有穗藏法和粒藏法 2 种。一般常年相对湿度低于 80%的丘陵山区和我国北方，以果穗贮藏为宜，常年相对湿度较高的地区可采用籽粒贮藏。但考虑到果穗贮藏占仓容较大和运输上的困难，种子仓库多以籽粒贮藏为主。

一、果穗贮藏

因玉米果穗贮藏占地面积大，只适用小品种的贮藏。果穗贮藏要注意控制水分，以防发热和冻害。冬季果穗水分一般控制在 14%以下为宜。干燥果穗的方法可采用秸秆扒皮、日光暴晒和机械烘干法。曝晒法过去较普遍，近年来种子企业多采用果穗烘干线烘干，种温控制在 40 ℃以下，连续烘干 72～96 h，一般对种子发芽率无影响。

二、籽粒贮藏

籽粒贮藏仓容利用率高，如果种子仓库密闭性能良好，种子又处于低温干燥条件下，则可长期贮藏。玉米种子籽粒贮藏法的技术要点如下。

采用籽粒贮藏的玉米种子，可先将果穗贮藏后熟 15～30 d，再脱粒，增强贮藏稳定性。籽粒贮藏的种子水分一般不宜超过 13%，南方则在 12%以下才能安全过夏。据各地经验，散装堆高随种子水分而定，含水量越低，堆越高。种子水分在 13%以下，堆高 3～3.5 m，可密闭贮藏。种子水分在 14%～16%，堆高 2～3 m，需间隙通风。种子水分在 16%以上，堆高

1～1.5 m，需通风，保管期不超过 6 个月。有条件的企业可采用低温低湿库贮藏，种子温度不超过 15 ℃，水分控制在 13%以下，仓内相对湿度不超过 65%。

在我国南方温暖湿润地区，玉米种子的安全贮藏一般是采用低水分干燥密闭贮藏的方法。此外，少量玉米种子也可采用超干贮藏。

第三节　小麦种子贮藏方法

小麦种子属于颖果，具有吸湿性强，易生虫霉变，通气性差，耐热性强，后熟期长等贮藏特性。小麦种子安全贮藏时间的长短，取决于种子水分、温度和贮藏设备的防潮性能。小麦种子主要采取如下贮藏方法和技术。

一、干燥密闭贮藏法

试验表明，小麦种子水分低于 12.0%，种温不超过 25 ℃，小麦种子可安全贮藏。种子水分超过 12.0%，种温超过 30 ℃便会降低发芽率，水分越高发芽率下降越快。因此，小麦种子收获后要趁晴好天气及时出晒或采用机械烘干，入库种子水分应掌握在 10.5%～11.5%，贮藏期间应控制在 12.0%以下，然后密闭贮藏，少量种子可以用缸、坛、或木柜、铁桶等容器密闭贮藏。

二、密闭压盖防虫贮藏法

对于数量较大的全仓散装种子，密闭压盖贮藏对于防治麦蛾有较好的效果。一般在入库以后和开春之前压盖效果最好。具体做法：先将种子堆表面耙平，然后用麻袋 2～3 层覆盖在上面，可起到防湿、防虫作用。种子入库压盖后，要勤检查，以防后熟期“出汗”发生结顶。到秋冬季交替时，应揭去覆盖物降温，但要防止表层种子发生结露。

三、热进仓贮藏法

热进仓贮藏就是利用小麦种子具有耐热特性而采用的一种贮藏方法，对于杀虫和促进种子后熟有很好的效果。具体做法：选择晴朗天气，将小麦种子进行暴晒，当种子含水量降至 12%以下，种温达到 46 ℃以上，但不超过 52 ℃，趁热迅速将种子入库堆放，覆盖麻袋 2～3 层密闭保温，将种温保持在 44～46 ℃，经 7～10 d 后掀掉覆盖物，进行通风散热直到与仓温相同为止，然后密闭贮藏即可。

为提高小麦种子热进仓贮藏效果，必须注意以下事项：①严格控制水分和温度；②入库后严防结露；③抓住有利时机迅速降温；④通过后熟期的麦种不宜采用热进仓贮藏。

第四节　油菜种子贮藏方法

油菜属于十字花科植物，其种子较小。油菜种子具有吸湿性强，易回潮；通气性差，易发热霉变；油分高，易酸败；螨类在油菜贮藏期，能引起种子堆发热等贮藏特性。针对以上特性，油菜种子贮藏一般采取如下技术。

一、适时收获，及时干燥，选择适宜贮藏器具

油菜种子收获以在花薹上角果有70%～80%呈现黄色时为宜。太早嫩籽多，水分高，内容欠充实，较难贮藏；太迟则角果容易爆裂，造成损失。脱粒后要及时干燥、冷却进仓贮藏。油菜种子不宜用塑料袋贮藏，以编织袋、麻袋贮藏为宜。

二、清选去杂，保证种子质量

种子入库前，应进行种子清选，清除泥沙、尘芥、杂质及病菌等，可增强贮藏期间的稳定性。此外对水分及发芽率进行一次检验，以掌握油菜种子在入库前的质量情况。

三、严格控制种子入库水分

油菜种子入库的水分应视当地气候特点和贮藏条件而定。大多数地区一般贮藏条件而言，水分为9%～10%；在高温多湿以及仓库条件较差时，水分控制为8%～9%。含油量高的品种，水分要求更低。

四、控制种温

油菜种子的贮藏温度，应根据季节严加控制，夏季一般不宜超过28～30℃，春秋季不宜超过13～15℃，冬季不宜超过6～8℃。种温高于仓温如超过3～5℃就应采取措施，进行通风降温。

五、合理堆放

油菜种子散装的高度随水分高低而增减，水分为7%～9%时，可堆1.5～2.0 m高；水分为9%～10%时，可堆1～1.5 m高；水分为10%～12%时，只能堆1 m左右；水分超过12%

时，应进行晾晒后再进仓。散装的种子可将表面耙成波浪形或锅底形，增加油菜种子与空气接触面积，有利于堆内湿热的散发。

油菜种子如采用袋装贮藏，应尽可能堆成各种形式的通风桩，如工字形、井字形等。油菜种子水分为9％以下时，可堆高10包，9％～10％的可堆8～9包。

六、加强检查

油菜种子属于不耐贮藏的种子，即使在仓库条件好的情况下仍须加强管理和检查。一般在4—10月，水分为9％以下，每天检查1次；在11月至翌年3月，水分在9％～12％的菜籽每天检查1次，水分为9％以下，可隔天检查1次。

第五节　大豆种子贮藏方法

大豆种子含有较高的蛋白质和油脂，种子具有吸湿性强，导热性差，易丧失生活力；蛋白质易变性，油脂易酸败；破损粒易生霉变质，易发生浸油和红变等贮藏特性。为了保证大豆种子的安全贮藏，大豆种子一般采取如下贮藏技术。

一、适时收获，充分干燥精选

一般要求长期安全贮藏的大豆种子水分必须控制在12％以下，如超过13％，就有霉变的危险。大豆种子豆叶枯黄脱落，摇动豆荚时互相碰撞发出响声时及时收割。收割后，以带荚干燥为宜，日晒2～3 d，待荚壳干透有部分爆裂时，再行脱粒。大豆种子机械烘干时，要合理掌握烘干温度和时间，一般出机种温应低于40 ℃。干燥过后的大豆种子还要进行精选，剔除破损粒、瘦秕粒、虫蚀粒、霉变粒、冻伤粒等异常豆粒以及其他杂质，以提高入库种子质量和贮藏的稳定性。

二、低温密闭贮藏

大豆种子导热性差，在高温情况下又易引起“红变”，常采取低温密闭的贮藏方法。一般可趁寒冬季节，将大豆转仓或出仓冷冻，使种温充分下降后，再进仓密闭贮藏。有条件的地方可将种子存入低温库、地下库等，效果会更佳，但地下库要做好防潮去湿工作。

三、及时倒仓过风散湿

秋末冬初新收获的大豆种子需要进行后熟作用，放出大量的湿热，如不及时散发，就会引起发热霉变。为了达到长期安全贮藏的要求，大豆种子入库 3～4 周，应及时进行倒仓过风散湿，并结合过筛除杂，以防止出汗、发热、霉变、红变等异常情况的发生。

四、定期检查

入库初期要把温度检查列为重点，使库房温度保持在 20 ℃以下，温度过高时应立即通风降温。大豆入库后每 20 天检查 1 次含水量，种子水分超出安全水分时，要及时翻晒。大豆晒后不能趁热贮藏，以防发热回潮。

我国南方春大豆 7—8 月收获到次年 3—4 月播种，贮藏期经过秋季的高温不利于大豆种子安全贮藏，冬、春季一般多雨，空气湿度大，露置的种子容易吸潮。因此，少量种子最好用坛子、缸等盛装密封，以防受潮。大量种子只要水分在安全水分以内，用麻袋包装放在防潮的专用仓库里贮藏即可。

第六节　蔬菜种子贮藏方法

一、蔬菜种子的贮藏特性

蔬菜种子种类繁多，种属各异，甚至分属不同科。种子的形态特征和生理特性很不一致，对贮藏条件的要求也各不相同。

蔬菜种子的颗粒大小悬殊，大多数种类蔬菜的籽粒比较细小，如各种叶菜、番茄、葱类等种子。并且大多数的蔬菜种子含油量较高。蔬菜大多数为天然异交作物或常异交作物，在田间很容易发生生物学变异。因此，在采收种子时应进行严格选择，在收获处理过程中严防机械混杂。

蔬菜种子的寿命长短不一，瓜类种子由于有坚固的种皮保护，寿命较长，番茄、茄子种子一般室内贮藏 3～4 年仍有 80%以上的发芽率。含芳香油类的大葱、洋葱、韭菜以及某些豆类蔬菜种子易丧失生活力，属短命种子。对于短命的种子必须年年留种，但通过改变贮藏环境，寿命可以延长。如洋葱种子经一般贮藏 1 年就变质，但在含水量降至 6.3%、−4 ℃条件下密封贮藏 7 年仍有 94%的发芽率。

二、蔬菜种子贮藏技术要点

1. 做好精选工作　蔬菜种子籽粒小，重量轻，不像农作物种子那样易于清选。籽粒细小及种皮带有茸毛短刺的种子易黏附和混入菌核、虫瘿、虫卵、杂草种子等有生命杂质以及残叶、碎果种皮、泥沙、碎秸秆等无生命杂质。这样的种子在贮藏期间很容易吸湿回潮，还会传播病虫杂草，因此在种子入库前要对种子充分清选，去除杂质。蔬菜种子的清选对种子安全贮藏和提高种子播种质量的意义比农作物种子更重要。

2. 合理干燥　蔬菜种子日光干燥时须注意，小粒种子或种子数量较少时，不要将种子直接摊在水泥晒场上或盛在金属容器中置于阳光下暴晒，以免温度过高烫伤种子。可将种子放在帆布、苇席、竹垫上晾晒。午间温度过高时，可暂时收拢堆积种子，午后再晒。在水泥晒场上晒大量种子时，不要摊得太薄，并经常翻动，午间阳光过强时，可加厚晒层或将种子适当堆积，防止温度过高，午后再摊薄晾晒。

也可以采用自然风干方法，将种子置于通风、避雨的室内，令其自然干燥。此法主要用于量少、怕阳光晒的种子(如甜椒种子)，以及植株已干燥而种果或种粒未干燥的种子。

3. 正确选用包装方法　大量种子的贮藏和运输可选用麻袋、布袋包装。金属罐、盒适用于少量种子的包装或大量种子的小包装，外面再套装纸箱可作长期贮藏或销售，适于短命种子或价格昂贵种子的包装。纸袋、聚乙烯铝箔复合袋、聚乙烯袋、复合纸袋等主要用于种子零售的小包装或短期的贮藏。含芳香油类蔬菜种子如葱、韭菜类，采用金属罐贮藏效果较好。密封容器包装的种子，水分要低于一般贮藏的含水量。

4. 大量和少量种子的贮藏方法　大量种子的贮藏与农作物贮藏的技术要求基本一致。留种数量较多的可用麻袋包装，分品种堆垛，每一堆下应有垫仓板以利通风。堆垛高度一般不宜超过 6 袋，细小种子如芹菜之类不宜超过 3 袋。隔一段时间要倒桩翻动一下，否则底层种子易压伤或压扁。有条件的应采用低温低湿库贮藏，有利于种子生活力的保持。

蔬菜种子的少量贮藏较广泛，方法也更多。可以根据不同的情况选用合适的方法。

(1) 低温防潮贮藏。经过清选并已干燥至安全含水量以下的种子装入密封防潮的金属罐或铝箔复合薄膜袋内，再将种子放在低温、干燥条件下贮藏。罐装、铝箔复合袋在封口时还可以抽成真空或半真空状态，以减少容器内氧气量，使贮藏效果更好。

(2) 在干燥器内贮藏。目前我国各科研或生产单位用得比较普遍的是将精选晒干的种子放在纸口袋或布口袋中，贮于干燥器内。干燥器可以采用玻璃瓶、小口有盖的缸瓮、塑料桶、铝罐等。在干燥器底部盛放干燥剂，如生石灰、硅胶、干燥的草木灰及木炭等，上放种子袋，然后加盖密闭。干燥器存放在阴凉干燥处，每年晒种 1 次，并换上新的干燥剂。这种贮藏方法，保存时间长，发芽率高。

(3) 整株和带荚贮藏。成熟后不自行开裂的短角果，如萝卜及果肉较薄、容易干缩的辣椒，可整株拔起；长荚果，如豇豆可以连荚采下，捆扎成把。以上的整株或扎成的把，可挂在阴凉通风处逐渐干燥，至农闲或使用时脱粒。这种挂藏方法，种子易受病虫损害，保存时间较短。

5. 蔬菜种子的安全水分　蔬菜种子的安全水分随种子类别不同而不同，一般以保持在8%～12%为宜，水分过高，贮藏期间生活力下降很快。根据我国种子质量标准，不结球白菜、结球白菜、辣椒、番茄、甘蓝、球茎甘蓝、花椰菜、莴苣含水量不高于7%；茄子、芹菜含水量不高于8%；冬瓜含水量不高于9%；菠菜含水量不高于10%；赤豆(红小豆)、绿豆含水量不高于8%；大豆、蚕豆含水量不高于12%。在南方气温高、湿度大的地区特别应严格掌握蔬菜种子的安全贮藏含水量，以免种子发芽力迅速下降。

REFERENCES 参考文献

[1] AOSA. Cultivar purity testing handbook [M]. New York: Association of Official Seed Analysts, 2008.

[2] ISTA. Handbook of vigour test methods [M]. 3rd ed. Zurich: The International Seed Testing Association, 1995.

[3] ISTA. International rules for seed testing-Annexe to Chapter 7 Seed health testing methods [M]. Zurich: International Seed Testing Association, 2004.

[4] ISTA. Handbook for seed evaluation [M]. 4th ed. Zurich: The International Seed Testing Association, 2018.

[5] ISTA. Handbook on seed sampling [M]. 3rd ed. Zurich: The International Seed Testing Association, 2022.

[6] ISTA. International rules for seed testing [M]. Zurich: The International Seed Testing Association, 2017.

[7] 关亚静,胡晋. 种子学(精编版)[M]. 北京:中国农业出版社,2020.

[8] 国际种子检验协会(ISTA). 1996 国际种子检验规程[M]. 颜启传等译. 北京:中国农业出版社,1999.

[9] 胡晋,谷铁城. 种子贮藏原理与技术[M]. 北京:中国农业大学出版社,2001.

[10] 胡晋,关亚静. 种子检验学[M]. 第 2 版. 北京:科学出版社,2022.

[11] 胡晋,关亚静. 种子生物学[M]. 第 2 版. 北京:高等教育出版社,2022.

[12] 胡晋,王建成. 种子检验技术[M]. 北京:中国农业大学出版社,2016.

[13] 胡晋,王世恒,谷铁成. 现代种子经营和管理[M]. 北京:中国农业出版社,2004.

[14] 胡晋. 农作物种子繁育员[M]. 北京:中国农业出版社,2004.

[15] 胡晋. 种子贮藏加工学[M]. 第 2 版. 北京:中国农业大学出版社,2010.

[16] 胡晋. 种子学[M]. 第2版. 北京:中国农业出版社,2014.

[17] 胡晋. 种子检验学[M]. 北京:科学出版社,2015.

[18] 胡晋. 种子生产学[M]. 第2版. 北京:中国农业出版社,2021.

[19] 农业部全国农作物种子质量监督检验测试中心. 农作物种子检验员考核读本[M]. 北京:中国工商出版社,2006.

[20] 斯密脱. 不正常幼苗图谱[M]. 范平等编译. 国际种子检验协会,1988.

[21] 陶嘉龄,郑光华. 种子活力[M]. 北京:科学出版社,1991.

[22] 颜启传,程式华,魏兴华,等. 种子健康测定原理和方法[M]. 北京:中国农业科技出版社,2002.

[23] 颜启传,邓光联,支巨振. 农作物品种电泳鉴定手册[M]. 上海:上海科学技术出版社,1998.

[24] 颜启传,胡伟民,宋文坚. 种子活力测定的原理和方法[M]. 北京:中国农业出版社,2006.

[25] 颜启传. 种子检验原理和技术[M]. 杭州:浙江大学出版社,2001.

[26] 叶常丰,戴心维. 种子学[M]. 北京:中国农业出版社,1994.

[27] 张春庆,王建华. 种子检验学[M]. 北京:高等教育出版社,2006.

[28] 浙江农业大学种子教研组. 种子贮藏简明教程[M]. 北京:农业出版社,1980.

[29] 郑光华,史忠礼,赵同芳,等. 实用种子生理学[M]. 北京:农业出版社,1990.

[30] 郑光华. 种子生理研究[M]. 北京:科学出版社,2004.

[31] 支巨振.《农作物种子检验规程》实施指南[M]. 北京:中国标准出版社,2000.